もくじ

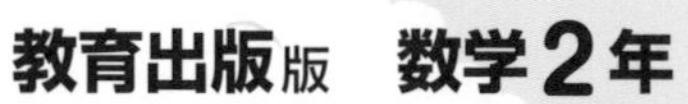

教育出版版　数学２年

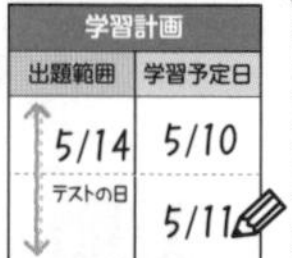

1章 式の計算

1節 式の計算

テストに出る! 教科書のココが要点

さらっとまとめ (赤シートを使って, □に入るものを考えよう。)

1 単項式と多項式 教 p.16～p.18

- 項が1つだけの式を［単項式］, 項が2つ以上の式を［多項式］という。
- 多項式で, 数だけの項を［定数項］という。
- 単項式でかけ合わされている文字の個数を, その単項式の［次数］という。多項式では, 次数の最も大きい項の次数を, その多項式の［次数］という。

2 多項式の計算 教 p.19～p.23

- 文字の部分が同じである項を［同類項］という。

例 $4x+6y+(-3x)+2y$ （$4x$ と $-3x$ が同類項, $6y$ と $2y$ が同類項）

3 単項式の乗法, 除法 教 p.24～p.27

- 単項式どうしの乗法は, ［係数］の積に文字の積をかける。
- 単項式どうしの除法は, ［分数］の形にするか, ［乗法］に直して計算する。

スピード確認 (□に入るものを答えよう。答えは, 下にあります。)

1

- □ $3xy$ や $-4a$ のような式を［①］という。
- □ $8x-3$ や a^2+ab-4 のような式を［②］という。
- □ $5x^2-3y-2$ の項は, ［③］である。
  ★$(5x^2)+(-3y)+(-2)$ と単項式の和の形で表してみる。
- □ $-7x^3y$ の次数は［④］である。
- □ $2ab^2-5a^2+4b$ は［⑤］次式である。
  ★次数が最も大きい項は $2ab^2$ である。

2

- □ $(3a+b)-(a-4b)=3a+b-a$［⑥］$b=$［⑦］
  ★ひく式の各項の符号を変えて加える。
- □ $3(2x-y)-2(x-3y)=6x-3y-2x$［⑧］$y=$［⑨］
  ★分配法則を使って計算する。

3

- □ $7a\times(-3b)=\underbrace{7\times(-3)}_{\text{係数の積}}\times\underbrace{a\times b}_{\text{文字の積}}=$［⑩］
- □ $24xy\div(-8x)=-\dfrac{24xy}{⑪}=-\dfrac{\overset{3}{\cancel{24}}\times\overset{1}{\cancel{x}}\times y}{\underset{1}{\cancel{8}}\times\underset{1}{\cancel{x}}}=$［⑫］

①＿＿＿
②＿＿＿
③＿＿＿
④＿＿＿
⑤＿＿＿
⑥＿＿＿
⑦＿＿＿
⑧＿＿＿
⑨＿＿＿
⑩＿＿＿
⑪＿＿＿
⑫＿＿＿

答 ①単項式 ②多項式 ③$5x^2$, $-3y$, -2 ④4 ⑤3 ⑥$+4$ ⑦$2a+5b$ ⑧$+6$ ⑨$4x+3y$ ⑩$-21ab$ ⑪$8x$ ⑫$-3y$

基礎力UP テスト対策問題

1 単項式と多項式　次の問いに答えなさい。

(1) 単項式 $-5ab^2$ の係数と次数をいいなさい。

(2) 多項式 $4x-3y^2+5$ の項と次数をいいなさい。

2 多項式の計算　次の計算をしなさい。

(1) $5x+4y-2x+6y$　(2) $(7x+2y)+(x-9y)$

(3) $(5x-7y)-(3x-4y)$　(4) $5(2x-3y+6)$

(5) $4(2x+y)+2(x-3y)$　(6) $(-9x+6y+15)\div(-3)$

3 単項式の乗法，除法　次の計算をしなさい。

(1) $4x\times 3y$　(2) $(-4ab)\times 3c$

(3) $-8x^2\times(-4y^2)$　(4) $36x^2y\div 4xy$

(5) $12ab^2\div(-6ab)$　(6) $(-9ab^2)\div 3b$

テスト対策ナビ

絶対に覚える！

係数

$\underline{-5}\times\underbrace{a\times b\times b}$

文字の数 3 個

➡次数 3

ミス注意！

かっこをはずすときは，符号に注意する。

$(5x-7y)-(3x-4y)$

$=5x-7y-3x+4y$

符号が変わる

3 (1) $4x\times 3y$

$=\underline{4\times 3}\times\underline{x\times y}$

係数の積　文字の積

(4) $36x^2y\div 4xy$

$=\dfrac{36x^2y}{4xy}$

$=\dfrac{\overset{9}{\cancel{36}}\times\overset{1}{\cancel{x}}\times x\times\overset{1}{\cancel{y}}}{\underset{1}{\cancel{4}}\times\underset{1}{\cancel{x}}\times\underset{1}{\cancel{y}}}$

約分できるときは約分しよう。

 解答 p.1

テストに出る!

予想問題 ①

1章 式の計算
1節 式の計算

20分

/14問中

1 単項式と多項式，式の次数　次の㋐〜㋓の式について，下の問いに答えなさい。

㋐ $\frac{3}{4}x$	㋑ $6x-3y$	㋒ $-9x^2$	㋓ x^2-4x+6

(1) 単項式と多項式に分けなさい。

(2) 2次式はどれですか。

2 よく出る　多項式の加法，減法　次の計算をしなさい。

(1) $7x^2-4x-3x^2+2x$

(2) $8ab-2a-ab+2a$

(3) $(5a+3b)+(2a-7b)$

(4) $(a^2-4a+3)-(a^2+2-a)$

(5)
$$\begin{array}{rr} & 3a+\ b \\ +) & a-2b \\ \hline \end{array}$$

(6)
$$\begin{array}{rr} & 5x-2y-3 \\ -) & x+3y-8 \\ \hline \end{array}$$

3 多項式と数の乗法，除法　次の計算をしなさい。

(1) $-4(3a-b+2)$

(2) $(-6x-3y+15)\times\left(-\frac{1}{3}\right)$

(3) $4(x-5y)+3(2x-y)$

(4) $2(m-n)-4(2m+3n)$

(5) $(-6x+10y)\div 2$

(6) $(32a-24b+8)\div(-4)$

2 マイナスのついたかっこをはずすときは，符号が変わることに注意。

3 多項式と数の除法は，分数の形にするか，わる数を逆数にして乗法に直す。

テストに出る！

予想問題 ②

1章 式の計算
1節 式の計算

20分

/16問中

1 分数をふくむ式の計算　次の計算をしなさい。

(1) $\dfrac{x+2y}{3}+\dfrac{3x-y}{4}$

(2) $\dfrac{3a+b}{5}-\dfrac{4a+3b}{10}$

(3) $\dfrac{2a-3b}{2}-\dfrac{5a-b}{3}$

(4) $x-y-\dfrac{3x-2y}{7}$

2 単項式の乗法，累乗　次の計算をしなさい。

(1) $3x\times2xy$

(2) $-\dfrac{1}{4}m\times12n$

(3) $5x\times(-x^2)$

(4) $-2a\times(-b)^2$

3 単項式の除法　次の計算をしなさい。

(1) $8bc\div2c$

(2) $3a^2b^3\div15ab$

(3) $(-9xy^2)\div\dfrac{1}{3}xy$

(4) $\left(-\dfrac{ab^2}{2}\right)\div\dfrac{1}{4}a^2b$

4 よく出る　乗法と除法が混じった単項式の計算　次の計算をしなさい。

(1) $x^3\times y^2\div xy$

(2) $ab\div2b^2\times4ab^2$

(3) $a^3b\times a\div3b$

(4) $(-12x)\div(-2x)^2\div3x$

1 分数の形の式の加減は，通分して，１つの分数にまとめて計算する。

4 乗法と除法が混じった式は，乗法だけの式に直して計算する。

1章 式の計算

1節 式の計算　2節 式の活用

テストに出る！ 教科書のココが要点

さらっとまとめ（赤シートを使って，□に入るものを考えよう。）

1 式の値 教 p.28

・式の値を求めるときは，式を［簡単］にしてから数を代入すると，計算しやすい。

2 式の活用 教 p.30～p.33

・偶数は，m を整数とすると，［$2m$］と表すことができる。
　奇数は，n を整数とすると，［$2n+1$］と表すことができる。

・2 桁の自然数は，十の位の数を x，一の位の数を y とすると，［$10x+y$］と表すことができる。

・連続する 3 つの整数のうち，最も小さい整数を n とすると，連続する 3 つの整数は，
［n］，［$n+1$］，［$n+2$］と表すことができる。

3 等式の変形 教 p.34

・等式を $x=$■ の形に変形することを，［x について解く］という。
例 $5y+x=6$ を x について解くと，$x=6-5y$

スピード確認（□に入るものを答えよう。答えは，下にあります。）

1
□ $x=-2$，$y=1$ のとき，$3x+5y$ の値を求めなさい。
$3x+5y=3\times($［①］$)+5\times$［②］$=$［③］

2
□ 連続する 3 つの整数のうち，最も小さい整数を n とすると，
連続する 3 つの整数は，
n，$n+1$，$n+2$
と表すことができる。それらの和は，
$n+(n+1)+(n+2)=3n+3=3($［④］$)$
★3×(整数) の形
［④］は整数だから，3(［④］) は 3 の倍数である。
したがって，連続する 3 つの整数の和は 3 の倍数になる。

3
□ 等式 $x+2y=4$ を，y について解くと，$y=\dfrac{［⑤］+4}{2}$
★$y=-\dfrac{x}{2}+2$ としてもよい。
□ 等式 $3ab=7$ を，b について解くと，$b=\dfrac{7}{［⑥］}$

①
②
③
④
⑤
⑥

3は等式の性質を使って解こう。

答 ①−2　②1　③−1　④$n+1$　⑤$-x$　⑥$3a$

解答 p.2

基礎力UP テスト対策問題

1 式の値　$a=-2$，$b=3$ のとき，次の式の値を求めなさい。

(1)　$2(a+2b)-(3a+b)$

(2)　$14ab^2\div 7ab\times(-2a)$

2 式の活用　十の位の数が x，一の位の数が y の，2 桁の自然数があります。この 2 桁の自然数と，その自然数の十の位の数と一の位の数を入れかえてできる数との和を，x，y を使って表しなさい。

3 式の活用　n を整数とするとき，(1)，(2)の整数を表す式を㋐～㋗の中から，すべて選びなさい。

㋐　$5n+1$	㋑　$5n$	㋒　$5(n+1)$	㋓　$\frac{n}{5}$
㋔　$9n-1$	㋕　$9(n-1)$	㋖　$9n$	㋗　$\frac{1}{9}n$

(1)　5 の倍数　　(2)　9 の倍数

4 等式の変形　次の式を，〔　〕の中の文字について解きなさい。

(1)　$x+3=2y$　〔x〕

(2)　$\frac{1}{2}x=y+3$　〔x〕

(3)　$5x+10y=20$　〔x〕

(4)　$7x-6y=11$　〔y〕

テスト対策ナビ

絶対に覚える!

式の値を求めるときは，式を簡単にしてから数を代入する。

2・もとの自然数
$10\times x+y$
・入れかえた自然数
$10\times y+x$

3 (1)　5×(整数)
(2)　9×(整数)
の形になっているものを選ぶ。

n が整数なら，$n+1$ や $n-1$ も整数だね。

思い出そう!

等式の性質
$A=B$ ならば
1　$A+C=B+C$
2　$A-C=B-C$
3　$AC=BC$
4　$\frac{A}{C}=\frac{B}{C}$　$(C\neq 0)$
5　$B=A$

解答 p.2

テストに出る!

予想問題 ①

1章 式の計算

1節 式の計算　2節 式の活用

20分

/5問中

1 よく出る　式の値　$x=3$，$y=-5$ のとき，次の式の値を求めなさい。

(1)　$4(2x-3y)-5(2x-y)$

(2)　$8x^2y\div(-6xy)\times3y$

2 よく出る　式の活用　偶数と奇数の差は奇数になります。この理由を，文字を使って説明しなさい。

3 式の活用　2桁(けた)の自然数と，その数の十の位の数と一の位の数を入れかえてできる数との差は，9の倍数になります。この理由を，文字を使って説明しなさい。

4 よく出る　式の活用　連続する5つの整数の和は，5の倍数になります。この理由を，真ん中の整数を n として説明しなさい。

1 負の数を代入するときは，(　)をつけて代入する。

2 偶数と奇数は違う文字を使って表す。

テストに出る！
予想問題 2　1章 式の計算　2節 式の活用

20分　/8問中

1 式の活用　連続する3つの偶数の和は，6の倍数になることを，文字を使って説明しました。□をうめて，説明を完成させなさい。

〔説明〕 連続する3つの偶数のうち，最も小さい偶数を$2m$（mは整数）とすると，

連続する3つの偶数は，

$2m$，$2m+$①□，$2m+$②□

と表される。よって，それらの和は，

$2m+(2m+$①□$)+(2m+$②□$)$

$=$③□$m+$④□

$=$⑤□$(m+1)$

$m+1$は整数だから，⑤□$(m+1)$は6の倍数である。

したがって，連続する3つの偶数の和は，6の倍数になる。

2 式の活用　連続する3つの奇数は，mを整数とすると，$2m+1$，$2m+3$，$2m+5$と表されます。このことを使って，連続する3つの奇数の和は3の倍数になることを，文字を使って説明しなさい。

3 よく出る　等式の変形　次の式を，〔　〕の中の文字について解きなさい。

(1) $5x+3y=4$　〔y〕

(2) $4a-3b-12=0$　〔a〕

(3) $\frac{1}{3}xy=\frac{1}{2}$　〔y〕

(4) $\frac{1}{12}x+y=\frac{1}{4}$　〔x〕

(5) $3a-5b=9$　〔b〕

(6) $c=ay+b$　〔y〕

3 (3) 両辺に3をかけて左辺の分母をはらう。
(6) yをふくむ項は右辺にあるので，左辺と右辺を入れかえてから変形するとよい。

テストに出る！

章末予想問題　1章 式の計算

30分

/100点

1 次の多項式の項をいいなさい。また，何次式かいいなさい。　4点×2〔8点〕

(1)　$2x^2+3xy+9$　　(2)　$-2a^2b+\frac{1}{3}ab^2-4a$

2 次の計算をしなさい。　5点×8〔40点〕

(1)　$7x^2+3x-2x^2-4x$　　(2)　$8(a-2b)-3(b-2a)$

(3)　$-\frac{3}{4}(-8ab+4a^2)$　　(4)　$(9x^2-6y)\div\left(-\frac{3}{2}\right)$

(5)　$\frac{3a-2b}{4}-\frac{a-b}{3}$　　(6)　$(-3x)^2\times\frac{1}{9}xy^2$

(7)　$(-4ab^2)\div\frac{2}{3}ab$　　(8)　$4xy^2\div(-12x^2y)\times(-3xy)^2$

3 $x=2$，$y=-\frac{1}{3}$ のとき，次の式の値を求めなさい。　5点×3〔15点〕

(1)　$(3x+2y)-(x-y)$　　(2)　$3(2x-3y)+5(3y-2x)$

(3)　$18x^3y\div(-6xy)\times 2y$

4 差がつく　右の四角形ABCDは，AB＝$4a$ cm，BC＝$3a$ cm の長方形です。長方形ABCDを，辺ABを軸として1回転させてできる立体をア，辺BCを軸として1回転させてできる立体をイとします。立体アの体積とイの体積とでは，どちらのほうが大きいですか。　〔7点〕

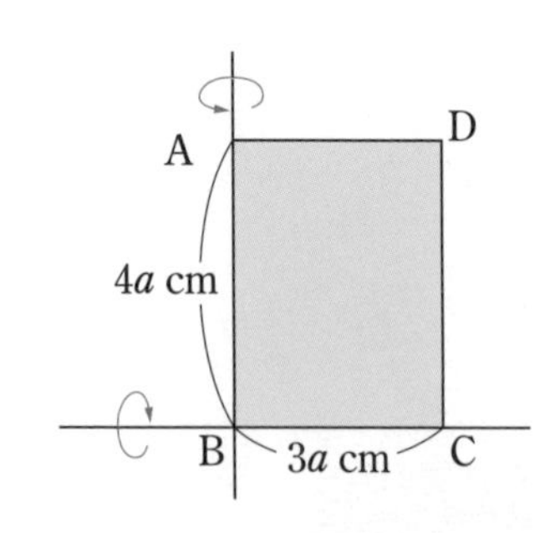

解答 p.3

満点ゲット作戦
除法は分数の形に，乗除の混じった計算は，乗法だけの式に直して計算する。例 $3a \div \frac{1}{6}b \times 2a = 3a \times \frac{6}{b} \times 2a$

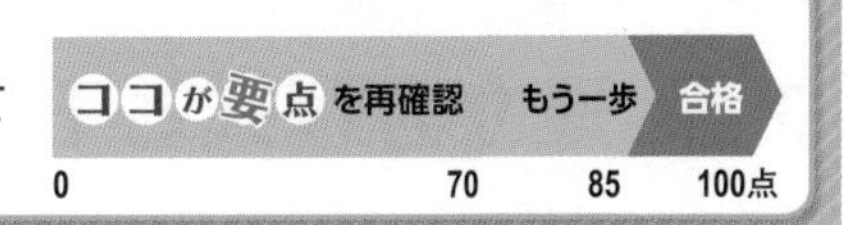

5 次の式を，〔　〕の中の文字について解きなさい。　5点×6〔30点〕

(1)　$3x+2y=7$　〔y〕

(2)　$V=abc$　〔a〕

(3)　$y=4x-3$　〔x〕

(4)　$2a-b=c$　〔b〕

(5)　$V=\frac{1}{3}\pi r^2 h$　〔h〕

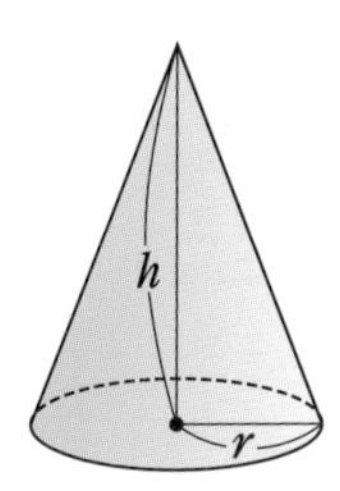

(6)　$S=\frac{1}{2}(a+b)h$　〔a〕

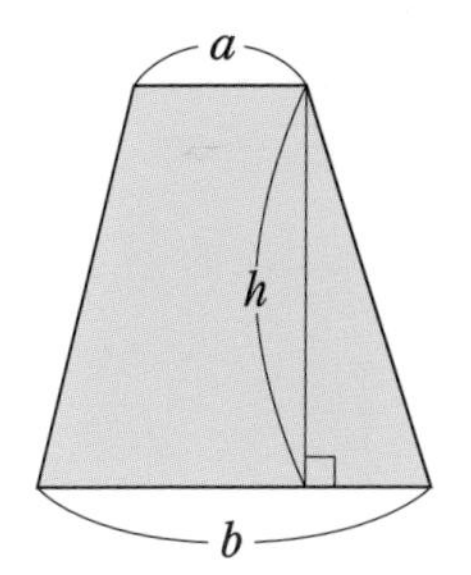

1	(1) 項：　　次式	(2) 項：　　次式	
2	(1)	(2)	(3)
	(4)	(5)	(6)
	(7)	(8)	
3	(1)	(2)	(3)
4			
5	(1)	(2)	(3)
	(4)	(5)	(6)

1	/8点	**2**	/40点	**3**	/15点	**4**	/7点	**5**	/30点

2章 連立方程式

1節 連立方程式とその解き方

テストに出る！ 教科書のココが要点

さらっとまとめ（赤シートを使って，□に入るものを考えよう。）

1 連立方程式とその解 教 p.46～p.47

・2つの文字をふくむ1次方程式を 2元1次方程式 という。

・2元1次方程式を成り立たせる文字の値の組を，その2元1次方程式の 解 という。

・2つ以上の方程式を組にしたものを 連立方程式 という。

・連立方程式を成り立たせる文字の値の組を，その連立方程式の 解 といい，解を求めることを，その連立方程式を 解く という。

2 連立方程式の解き方 教 p.48～p.53

・連立方程式は， 加減法 または 代入法 によって，1つの文字を 消去 して解く。

スピード確認（□に入るものを答えよう。答えは，下にあります。）

1

□ 次の x，y の値の組の中で，2元1次方程式 $2x+y=7$ の解は ① である。

㋐ $x=1$，$y=5$　㋑ $x=2$，$y=-3$　㋒ $x=4$，$y=1$

□ 次の x，y の値の組の中で，連立方程式 $\begin{cases} x+y=7 \\ x-y=1 \end{cases}$ の解は ② である。

㋐ $x=6$，$y=1$　㋑ $x=2$，$y=5$　㋒ $x=4$，$y=3$

★2つの方程式を同時に成り立たせる x，y の値の組を見つける。

2

□ 連立方程式 $\begin{cases} -x+y=7 & \cdots\cdots① \\ 3x+2y=4 & \cdots\cdots② \end{cases}$ を解きなさい。

【加減法】

y の係数の絶対値をそろえて左辺どうし，右辺どうしひく。

①×2　$-2x+2y=14$

②　$-)\ 3x+2y=4$

③ x $=10$

$x=$ ④

①に代入すると，$y=$ ⑤

答　$x=$ ④，$y=$ ⑤

【代入法】

①を y について解き，それを②に代入する。

①より，$y=x+7$　……③

③を②に代入すると，

$3x+2(x+7)=4$

よって，$x=$ ⑥

③に代入すると，$y=$ ⑦

答　$x=$ ⑥，$y=$ ⑦

①＿＿＿＿
②＿＿＿＿
③＿＿＿＿
④＿＿＿＿
⑤＿＿＿＿
⑥＿＿＿＿
⑦＿＿＿＿

加減法と代入法，どちらの方法でも解けるようにしよう。

答 ①㋐　②㋒　③−5　④−2　⑤5　⑥−2　⑦5

解答 p.4

基礎力UP テスト対策問題

1 連立方程式とその解　次の連立方程式のうち，$x=-1$，$y=3$ が解となるのは，どれですか。

㋐ $\begin{cases} 2x+y=5 \\ 3x+2y=3 \end{cases}$　㋑ $\begin{cases} x+2y=5 \\ 3x-2y=-9 \end{cases}$　㋒ $\begin{cases} 2x+3y=7 \\ 2x+y=5 \end{cases}$

2 加減法　次の連立方程式を加減法で解きなさい。

(1) $\begin{cases} 5x+2y=4 \\ x-2y=8 \end{cases}$　(2) $\begin{cases} 2x+3y=11 \\ 2x-y=-1 \end{cases}$

(3) $\begin{cases} 3x+2y=7 \\ x+5y=11 \end{cases}$　(4) $\begin{cases} 4x+3y=18 \\ -5x+7y=-1 \end{cases}$

3 代入法　次の連立方程式を代入法で解きなさい。

(1) $\begin{cases} x+y=10 \\ y=4x \end{cases}$　(2) $\begin{cases} y=2x+1 \\ y=5x-8 \end{cases}$

(3) $\begin{cases} 4x-5y=13 \\ x=3y-2 \end{cases}$　(4) $\begin{cases} y=x+1 \\ 3x-2y=-7 \end{cases}$

4 いろいろな連立方程式　次の連立方程式を解きなさい。

(1) $\begin{cases} 8x-5y=13 \\ 10x-3(2x-y)=1 \end{cases}$　(2) $\begin{cases} 3x+2y=4 \\ \frac{1}{2}x-\frac{1}{5}y=-2 \end{cases}$

(3) $\begin{cases} 2x+3y=-2 \\ 0.3x+0.7y=0.2 \end{cases}$　(4) $3x+2y=5x+y=7$

テスト対策ナビ

絶対に覚える!

■連立方程式の解
➡どの方程式も成り立たせる文字の値の組。

ポイント

■加減法
どちらかの文字の係数の絶対値をそろえ，左辺どうし，右辺どうしを加えたりひいたりして，その文字を消去して解く方法。

ポイント

■代入法
一方の式を他方の式に代入して1つの文字を消去して解く方法。

ミス注意!

多項式を代入するときは，(　)をつける。

絶対に覚える!

かっこをふくむ式
➡かっこをはずす。

分数や小数がある式
➡係数が全部整数になるように変形する。

$A=B=C$ の形の式
➡$A=B$，$A=C$，$B=C$ のうち，2つを組み合わせる。

テストに出る！

予想問題 ①　2章 連立方程式　1節 連立方程式とその解き方

20分　/12問中

1 加減法と代入法　次の連立方程式を解きなさい。

(1) $\begin{cases} 2x+3y=17 \\ 3x+4y=24 \end{cases}$

(2) $\begin{cases} 8x+7y=12 \\ 6x+5y=8 \end{cases}$

(3) $\begin{cases} x=4y-10 \\ 3x-y=-8 \end{cases}$

(4) $\begin{cases} 5x=4y-1 \\ 5x-3y=-7 \end{cases}$

2 よく出る　いろいろな連立方程式　次の連立方程式を解きなさい。

(1) $\begin{cases} 3x-y=2 \\ 4x-3(2x-y)=8 \end{cases}$

(2) $\begin{cases} 3x+5y=-11 \\ 2(x-5)=y \end{cases}$

(3) $\begin{cases} x-3(y-5)=0 \\ 7x=6y \end{cases}$

(4) $\begin{cases} \frac{3}{4}x-\frac{1}{2}y=2 \\ 2x+y=3 \end{cases}$

(5) $\begin{cases} x+2y=-4 \\ \frac{1}{2}x-\frac{2}{3}y=3 \end{cases}$

(6) $\begin{cases} 2x-y=15 \\ \frac{1}{2}x+\frac{1}{3}y=2 \end{cases}$

(7) $\begin{cases} 1.2x+0.5y=5 \\ 3x-2y=19 \end{cases}$

(8) $\begin{cases} 0.5x-1.4y=8 \\ -x+2y=-12 \end{cases}$

2 係数に分数があるときは，両辺に分母の最小公倍数をかけて，係数を整数にする。
係数に小数があるときは，両辺に 10 や 100 などをかけて，係数を整数にする。

テストに出る！
予想問題 ②
2章 連立方程式
1節 連立方程式とその解き方

20分　/7問中

1 よく出る　$A=B=C$ の形をした方程式　次の方程式を解きなさい。

(1) $2x+3y=-x-3y=5$

(2) $x+y+6=4x+y=5x-y$

2 連立方程式の解　次の問いに答えなさい。

(1) 連立方程式 $\begin{cases} 2x+ay=8 \\ bx-y=7 \end{cases}$ の解が $x=3$，$y=2$ のとき，a，b の値を求めなさい。

(2) 連立方程式 $\begin{cases} ax-2y=4 \\ bx-ay=-7 \end{cases}$ の解が $x=2$，$y=3$ のとき，a，b の値を求めなさい。

(3) 連立方程式 $\begin{cases} ax-by=20 \\ bx-ay=22 \end{cases}$ の解が $x=2$，$y=-4$ のとき，a，b の値を求めなさい。

発展 **3** 3つの文字をふくむ連立方程式　次の連立方程式を解きなさい。

(1) $\begin{cases} x+y+z=8 \\ 3x+2y+z=14 \\ z=3x \end{cases}$

(2) $\begin{cases} x+2y-z=7 \\ 2x+y+z=-10 \\ x-3y-z=-8 \end{cases}$

2 x，y にそれぞれの値を代入して，a，b についての連立方程式を解く。

3 加減法や代入法を使って1つの文字を消去し，2つの文字をふくむ連立方程式をつくる。

2節 連立方程式の活用

テストに出る！ 教科書のココが要点

さらっとまとめ (赤シートを使って，□に入るものを考えよう。)

1 連立方程式の活用 教 p.57～p.61

・連立方程式を使って，問題を解決する手順

1. どの数量を 文字 で表すかを決める。
2. 数量の間の関係を見つけて， 連立方程式 をつくる。
3. 連立方程式を 解く 。
4. 解が，問題に 適している かどうかを確かめる。

スピード確認 (□に入るものを答えよう。答えは，下にあります。)

1

□ 1個100円のりんごと1個60円のみかんを合わせて9個買ったところ，代金の合計は700円だった。りんごをx個，みかんをy個買ったとして，数量を表に整理すると，次のようになる。

	りんご	みかん	合計
1個の値段(円)	100	60	
個数(個)	x	y	9
代金(円)	①	②	③

・個数の関係から方程式をつくると，

④＋⑤＝9

・代金の関係から方程式をつくると，

⑥＋⑦＝⑧

□ ノート3冊とボールペン2本の代金の合計は480円，ノート5冊とボールペン6本の代金の合計は1120円だった。ノート1冊の値段をx円，ボールペン1本の値段をy円とする。

・(ノート1冊の値段)×3＋(ボールペン1本の値段)×2＝480
　この関係から方程式をつくると，

⑨＋⑩＝480

・(ノート1冊の値段)×5＋(ボールペン1本の値段)×6＝1120
　この関係から方程式をつくると，

⑪＋⑫＝1120

①
②
③
④
⑤
⑥
⑦
⑧
⑨
⑩
⑪
⑫

答 ①$100x$ ②$60y$ ③700 ④x ⑤y ⑥$100x$ ⑦$60y$ ⑧700 ⑨$3x$ ⑩$2y$ ⑪$5x$ ⑫$6y$

解答 p.5

基礎力UP テスト対策問題

1 代金の問題　**1 個 100 円のパンと 1 個 120 円のおにぎりを合わせて 10 個買うと，代金の合計が 1100 円になりました。パンとおにぎりをそれぞれ何個買ったかを求めます。**

(1)　100 円のパンを x 個，120 円のおにぎりを y 個買ったとして，数量を表に整理しなさい。

	パン	おにぎり	合計
1 個の値段（円）	100	120	
個数（個）	x	y	10
代金（円）	㋐	㋑	㋒

(2)　(1)の表から，連立方程式をつくり，個数を求めなさい。

2 速さの問題　**家から 1000 m 離れた駅まで行くのに，はじめは分速 50 m で歩き，途中から分速 100 m で走ったところ，全体で 14 分かかりました。**

(1)　歩いた道のりを x m，走った道のりを y m として，数量を図と表に整理しなさい。

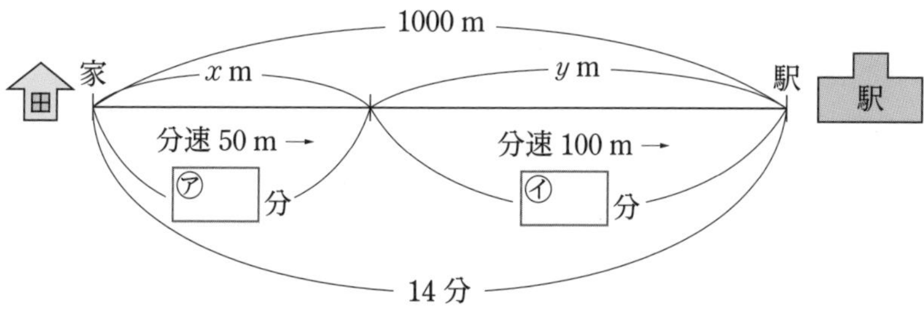

	歩いたとき	走ったとき	合計
道のり（m）	x	y	1000
速さ（m/min）	50	100	
時間（分）	㋐	㋑	14

(2)　(1)の表から，連立方程式をつくり，歩いた道のり，走った道のりを求めなさい。

テスト対策ナビ

ポイント

文章題では，数量の間の関係を，図や表に整理するとわかりやすい。

1 (2)　個数の関係，代金の関係から，2 つの方程式をつくる。

思い出そう！

時間，道のり，速さの問題は，次の関係を使って方程式をつくる。

$(時間)=\dfrac{(道のり)}{(速さ)}$

$(道のり)=(速さ)\times(時間)$

2 (2)　道のりの関係，時間の関係から，2 つの方程式をつくる。

分数を整数に直すよ。

テストに出る！

予想問題 ① 2章 連立方程式 2節 連立方程式の活用

20分　/5問中

1 硬貨の問題　500 円硬貨と 100 円硬貨を合計 22 枚集めたら，合計金額は 6200 円になりました。このとき 500 円硬貨と 100 円硬貨は，それぞれ何枚か求めなさい。

2 よく出る　代金の問題　鉛筆 3 本とノート 5 冊の代金の合計は 840 円，鉛筆 6 本とノート 7 冊の代金の合計は 1320 円でした。鉛筆 1 本とノート 1 冊の値段をそれぞれ求めなさい。

3 速さの問題　家から学校までの道のりは 1500 m です。はじめは分速 60 m で歩いていましたが，雨が降ってきたので，途中から分速 120 m で走ったら，学校まで 20 分かかりました。

(1) 歩いた道のりを x m，走った道のりを y m として，数量を図と表に整理しなさい。

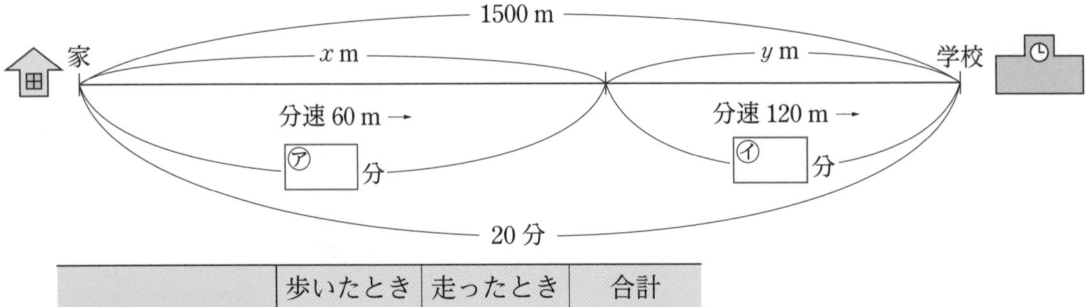

	歩いたとき	走ったとき	合計
道のり (m)	x	y	1500
速さ (m/min)	60	120	
時間 (分)	㋐	㋑	20

(2) (1)の表から，連立方程式をつくり，歩いた道のり，走った道のりを求めなさい。

(3) 歩いた時間と走った時間を文字を使って表して連立方程式をつくり，歩いた道のりと走った道のりがそれぞれ何 m か求めなさい。

3 (3) 歩いた時間を x 分，走った時間を y 分として，連立方程式をつくる。この連立方程式の解が，そのまま答えとならないことに注意。

テストに出る！

予想問題 ② 2章 連立方程式 2節 連立方程式の活用

20分　/5問中

1 速さの問題　14 km 離れたところに行くのに，はじめは自転車に乗って時速 16 km で走り，途中から時速 4 km で歩いたら，全体で 2 時間かかりました。自転車に乗った道のりと歩いた道のりを求めなさい。

2 よく出る　割合の問題　ある中学校の昨年の生徒数は 425 人でした。今年の生徒数を調べたところ 23 人増えていることがわかりました。これを男女別で調べると，昨年より，男子は 7%，女子は 4%，それぞれ増えています。

(1) 昨年の男子の生徒数を x 人，昨年の女子の生徒数を y 人として，数量を表に整理しなさい。

	男子	女子	合計
昨年の生徒数（人）	x	y	425
増えた生徒数（人）	㋐	㋑	23

(2) (1)の表から，連立方程式をつくり，昨年の男子と女子の生徒数をそれぞれ求めなさい。

3 割合の問題　ある店では，ケーキとドーナツを合わせて 150 個つくりました。そのうち，ケーキは 6%，ドーナツは 10% 売れ残り，合わせて 13 個が売れ残りました。ケーキとドーナツをそれぞれ何個つくったか求めなさい。

4 割合の問題　7% の食塩水と 15% の食塩水を混ぜ合わせて，10% の食塩水を 400 g つくります。それぞれ何 g ずつ混ぜ合わせればよいですか。

3 つくった個数の関係と，売れ残った個数の関係についての連立方程式をつくる。
4 食塩水の重さ，食塩の重さの関係について連立方程式をつくる。

テストに出る！
章末予想問題　2章 連立方程式

30分　/100点

1 次の x，y の値の組の中で，連立方程式 $\begin{cases} 7x+3y=34 \\ 5x-6y=8 \end{cases}$ の解はどれですか。〔8点〕

㋐ $x=4$，$y=2$　　㋑ $x=5$，$y=-\dfrac{1}{3}$　　㋒ $x=-2$，$y=-3$

2 次の連立方程式を解きなさい。6点×6〔36点〕

(1) $\begin{cases} 4x-5y=6 \\ 3x-2y=1 \end{cases}$

(2) $\begin{cases} 5x-3y=11 \\ 3y=2x+1 \end{cases}$

(3) $\begin{cases} 3(x-2y)+5y=2 \\ 4x-3(2x-y)=8 \end{cases}$

(4) $\begin{cases} 3x+4y=1 \\ \dfrac{1}{3}x+\dfrac{2}{5}y=\dfrac{1}{3} \end{cases}$

(5) $\begin{cases} \dfrac{3}{4}x-\dfrac{2}{3}y=\dfrac{7}{6} \\ 1.3x+0.6y=-5 \end{cases}$

(6) $3x-y=2x+y=x-2y+5$

3 差がつく 連立方程式 $\begin{cases} ax+by=-8 \\ bx-ay=31 \end{cases}$ の解が，$x=4$，$y=-5$ であるとき，a，b の値を求めなさい。〔8点〕

解答 p.6

満点ゲット作戦
加減法か代入法を使って１つの文字を消去し，もう１つの文字についての１次方程式にする。

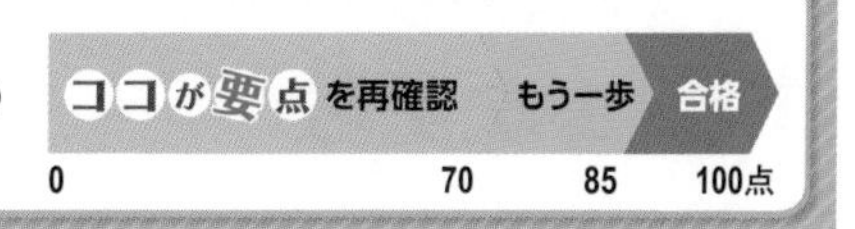

4 ある遊園地の入園料は，大人１人の料金は中学生１人の料金より 200 円高いそうです。この遊園地に大人２人と中学生５人で入ったら，入園料の合計は 7400 円でした。大人１人と中学生１人の入園料をそれぞれ求めなさい。 〔16 点〕

5 A町からB町を通ってC町まで行く道のりは 23 km です。ある人がA町からB町までは時速 4 km，B町からC町までは時速 5 km で歩いて，全体で 5 時間かかりました。A町からB町までの道のりとB町からC町までの道のりを求めなさい。 〔16 点〕

6 **差がつく** ある中学校では，リサイクルのために新聞と雑誌を集めました。今月は新聞と雑誌を合わせて 216 kg 集めました。これは先月に比べて，新聞は 20% 増え，雑誌は 10% 減りましたが，全体では 16 kg 増えました。今月集めた新聞と雑誌の重さをそれぞれ求めなさい。 〔16 点〕

1			
2	(1)	(2)	(3)
	(4)	(5)	(6)
3			
4	大人	，中学生	
5	A町からB町	，B町からC町	
6	新聞	，雑誌	

1	/8点	2	/36点	3	/8点	4	/16点	5	/16点	6	/16点

3章 1次関数

1節 1次関数

テストに出る！ 教科書のココが要点

さらっとまとめ（赤シートを使って，□に入るものを考えよう。）

1 1次関数 教 p.70〜p.71

・y が x の関数で，y が x の1次式で表されるとき，［y は x の1次関数である］といい，一般に［$y=ax+b$］と表される。比例は，1次関数の特別な場合である。

2 1次関数の値の変化とグラフ 教 p.72〜p.81

・x の増加量に対する y の増加量の割合を［変化の割合］という。

・1次関数 $y=ax+b$ では，変化の割合は［一定］で，x の係数［a］に等しい。

$$(変化の割合)=\frac{([y]\text{の増加量})}{([x]\text{の増加量})}=[a]$$

・1次関数 $y=ax+b$ のグラフは，［$y=ax$］のグラフを y 軸の正の方向に［b］だけ平行移動した直線である。また，定数の部分 b は，y 軸との［交点］の y 座標である。b をこの1次関数のグラフの［切片］という。

・1次関数 $y=ax+b$ の変化の割合 a は，グラフの傾きぐあいを表し，［傾き］という。

・$a>0$ のとき，x の値が増加すれば［y の値も増加］し，グラフは［右上がり］の直線になる。

・$a<0$ のとき，x の値が増加すれば［y の値は減少］し，グラフは［右下がり］の直線になる。

3 1次関数の式の求め方 教 p.82〜p.84

・1次関数の式を求めるには，$y=ax+b$ の［a］，［b］の値を求めればよい。

例 グラフの傾きが4，切片が2の1次関数の式は，$y=$［$4x+2$］

スピード確認（□に入るものを答えよう。答えは，下にあります。）

1

□ 次の㋐〜㋓のうち，y が x の1次関数であるものは［①］。

㋐ $y=2x+1$　㋑ $y=-x$　㋒ $y=5x^2$　㋓ $y=\frac{2}{x}$

★$y=ax+b$ で表されていれば1次関数である。

2

□ 1次関数 $y=2x+4$ のグラフは，$y=2x$ のグラフを y 軸の正の方向に［②］だけ平行移動させた直線である。

□ 1次関数 $y=5x+2$ の変化の割合は［③］。

□ 1次関数 $y=3x+4$ で，x の値が1増加するときの y の増加量は［④］。

□ 1次関数 $y=3x-5$ のグラフは，右［⑤］の直線である。

①＿＿＿＿
②＿＿＿＿
③＿＿＿＿
④＿＿＿＿
⑤＿＿＿＿

答 ①㋐，㋑　②4　③5　④3　⑤上がり

解答 p.7

基礎力UP テスト対策問題

1 1次関数の値の変化　次の1次関数について，変化の割合を答えなさい。また，x の増加量が3のときの y の増加量を求めなさい。

(1) $y=6x-2$　　(2) $y=-x+4$

(3) $y=\frac{1}{2}x+4$　　(4) $y=-\frac{1}{3}x-1$

2 1次関数のグラフ　次の㋐～㋓の1次関数があります。

㋐ $y=4x-2$　　㋑ $y=-3x+1$

㋒ $y=-\frac{2}{3}x-2$　　㋓ $y=4x+3$

(1) それぞれのグラフの傾きと切片を答えなさい。

(2) グラフが右下がりの直線になるのはどれですか。

(3) グラフが平行になるのはどれとどれですか。

3 1次関数の式の求め方　次の直線の式を求めなさい。

(1) 変化の割合が -2 で，$x=-1$ のとき $y=4$ である直線

(2) 点 $(3,\ 1)$ を通り，切片が4である直線

(3) 2点 $(1,\ 5)$，$(3,\ 9)$ を通る直線

テスト対策ナビ

絶対に覚える!

■$y=ax+b$（a：変化の割合）

■aは，xの値が1だけ増加するときの，yの増加量を表す。

ポイント

■$y=ax+b$ で，
$a>0$ ➡ 右上がり
$a<0$ ➡ 右下がり

グラフが平行ということは，傾きが等しいよ。

ポイント

求める1次関数を $y=ax+b$ とおき，a，bの値を求める。

3 (3) 傾きは，
$\frac{9-5}{3-1}$

テストに出る！

予想問題 ① 3章 1次関数 1節 1次関数

20分　/8問中

1 1次関数　水が2L入っている水そうに，一定の割合で水を入れます。水を入れ始めてから5分後には，水そうの中の水の量は22Lになりました。

(1)　1分間に，水の量は何Lずつ増えましたか。

(2)　水を入れ始めてからx分後の水そうの中の水の量をyLとして，yをxの式で表しなさい。

2 1次関数の値の変化　次の1次関数について，変化の割合を答えなさい。また，xの値が2から6まで増加するときのyの増加量を求めなさい。

(1)　$y=7x-2$　　(2)　$y=\frac{1}{2}x+\frac{3}{5}$

3 1次関数のグラフ　次の1次関数について，グラフの傾きと切片を答えなさい。

(1)　$y=5x-4$　　(2)　$y=-2x$

4 よく出る　1次関数のグラフと変域　次の1次関数について，下の問いに答えなさい。

㋐　$y=3x-1$　　㋑　$y=-2x+5$　　㋒　$y=\frac{2}{3}x+1$

(1)　㋐～㋒のグラフをかきなさい。

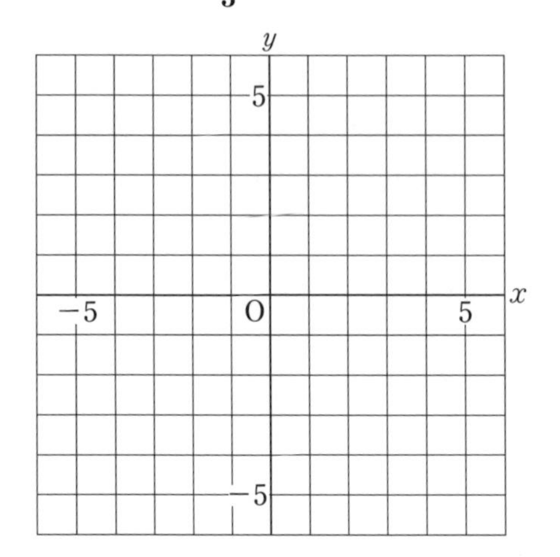

(2)　xの変域を $-2<x\leqq 3$ としたとき，yの変域をそれぞれ求めなさい。

2 xの増加量は，$6-2=4$ である。yの増加量は，$a\times$(xの増加量)の式で求める。
4 (2)　xの変域 $-2<x\leqq 3$ の両端の値に対応するyの値を求める。

テストに出る！
予想問題 ❷　3章 1次関数　1節 1次関数

🕓20分　/10問中

1 1次関数のグラフ　次の㋐〜㋕の1次関数の中から，下の(1)〜(4)にあてはまるものをすべて選び，その記号で答えなさい。

㋐ $y=4x-5$　　㋑ $y=-2x-4$　　㋒ $y=4x+3$

㋓ $y=\frac{1}{3}x-1$　　㋔ $y=-\frac{2}{3}x+2$　　㋕ $y=\frac{3}{4}x-5$

(1) グラフが右上がりの直線になるもの　　(2) グラフが$(-3,\ 2)$を通るもの

(3) グラフが平行になるものの組　　(4) グラフがy軸上で交わるものの組

2 直線の式　右の図の直線(1)〜(3)の式を求めなさい。

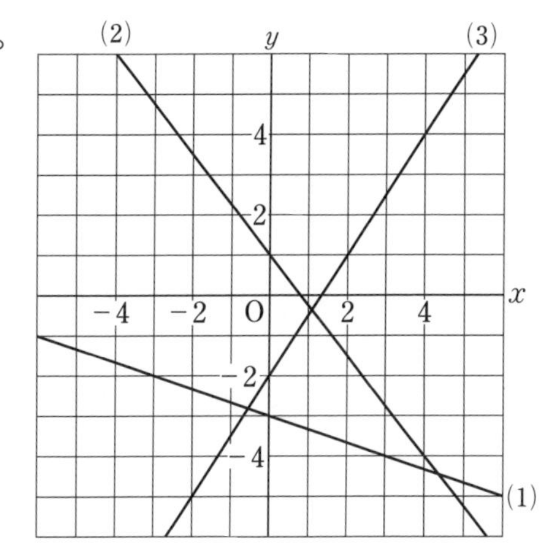

3 よく出る　直線の式　次の直線の式を求めなさい。

(1) 点$(1,\ 3)$を通り，傾きが2の直線

(2) 点$(1,\ 2)$を通り，切片が-1の直線

(3) 2点$(-3,\ -1)$，$(6,\ 5)$を通る直線

2 y軸との交点は，切片を表す。ます目の交点にある点をもう1つ見つけ，傾きを求める。
3 (3) 2点の座標から傾きを求める。または，連立方程式をつくって求める。

2節 1次関数と方程式　3節 1次関数の活用

テストに出る！ 教科書のココが要点

さらっとまとめ（赤シートを使って，□に入るものを考えよう。）

1 2元1次方程式のグラフ 教 p.86～p.89

・2元1次方程式 $ax+by=c$ のグラフは，直線 である。

・$y=k$ のグラフは，点 $(0,\ k)$ を通り，x 軸に平行 な直線である。

・$x=h$ のグラフは，点 $(h,\ 0)$ を通り，y 軸に平行 な直線である。

例 $y=8$ のグラフは，点 $(0,\ 8)$ を通り，x 軸に平行な直線である。

2 連立方程式とグラフ 教 p.90～p.91

・x，y についての連立方程式の解は，それぞれの方程式のグラフの 交点 の x 座標，y 座標 の組である。

・2直線の交点の座標は，2つの直線の式を組にした 連立方程式 を解いて求めることができる。

スピード確認（□に入るものを答えよう。答えは，下にあります。）

1

□ 方程式 $3x-y=3$ のグラフは，この式を y について解くと，

$y=$ ①

よって，傾きが ②，切片が ③ の直線になる。

□ 方程式 $2y-6=0$ のグラフは，この式を y について解くと，

$y=$ ④

よって，点 $(0,$ ⑤$)$ を通り，⑥ 軸に平行な直線になる。

□ 方程式 $3x-12=0$ のグラフは，この式を x について解くと，

$x=$ ⑦

よって，点 $($⑧$,\ 0)$ を通り，⑨ 軸に平行な直線になる。

2

□ 連立方程式 $\begin{cases} 2x-y=3 & \cdots\cdots① \\ x+2y=4 & \cdots\cdots② \end{cases}$ の

解をグラフを利用して求めると，①，②のグラフは，右の図のようになるので，その交点の座標をグラフから読みとって，

$x=$ ⑩，$y=$ ⑪ となる。

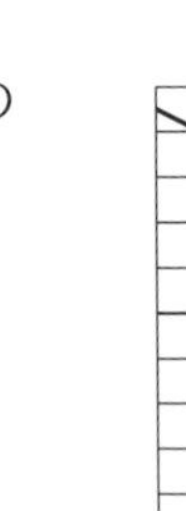

①
②
③
④
⑤
⑥
⑦
⑧
⑨
⑩
⑪

答 ①$3x-3$ ②3 ③-3 ④3 ⑤3 ⑥x ⑦4 ⑧4 ⑨y ⑩2 ⑪1

解答 p.8

基礎力UP テスト対策問題

1 2元1次方程式のグラフ　次の方程式のグラフをかきなさい。

(1) $x-y=-3$

(2) $2x+y-1=0$

(3) $y-4=0$

(4) $5x-10=0$

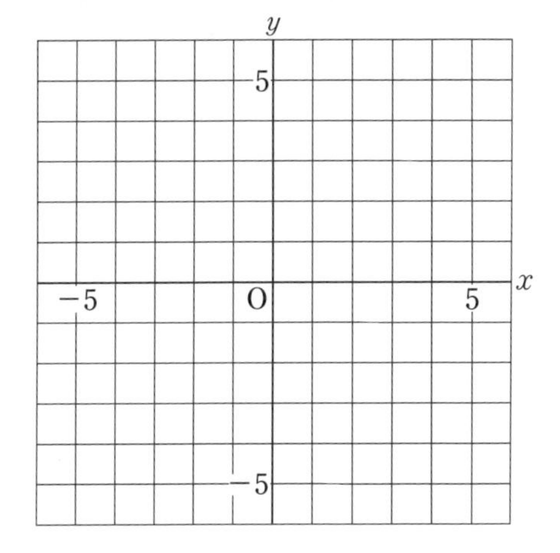

2 連立方程式とグラフ　次の連立方程式の解を，グラフを使って求めなさい。

$$\begin{cases} x-2y=-6 & \cdots\cdots① \\ 3x-y=2 & \cdots\cdots② \end{cases}$$

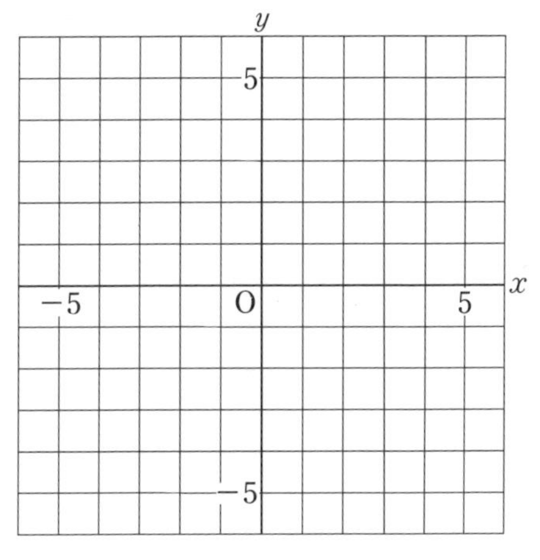

3 連立方程式とグラフ　下の図について，次の問いに答えなさい。

(1) ①，②の直線の式を求めなさい。

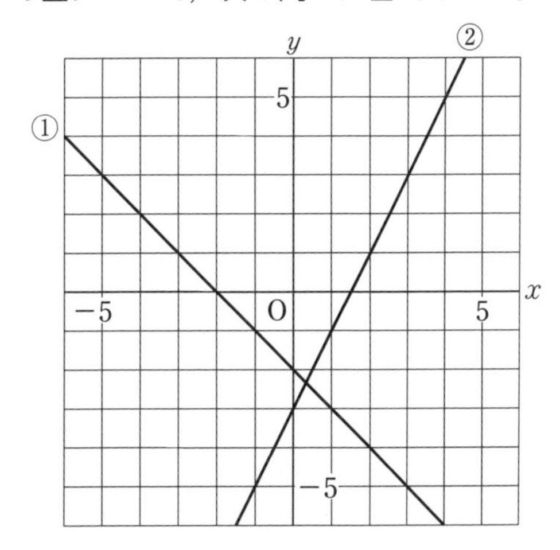

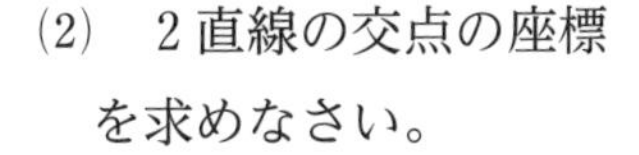
(2) 2直線の交点の座標を求めなさい。

テスト対策ナビ

絶対に覚える!

$ax+by=c$ のグラフをかくには，

$y=○x+□$（○：傾き，□：切片）

の形に変形するか，2点の座標を求めてかく。

絶対に覚える!

連立方程式の解とグラフの関係を理解しておこう。

連立方程式の解 $x=○$，$y=△$

⇕

グラフの交点の座標 (○，△)

3 (2) 交点の座標は，グラフからは読みとれないので，①，②の式を連立方程式として解いて求める。

テストに出る！
予想問題 ①　3章 1次関数　2節 1次関数と方程式

⏱20分　／8問中

1 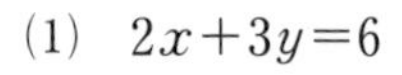 2元1次方程式のグラフ　次の方程式のグラフをかきなさい。

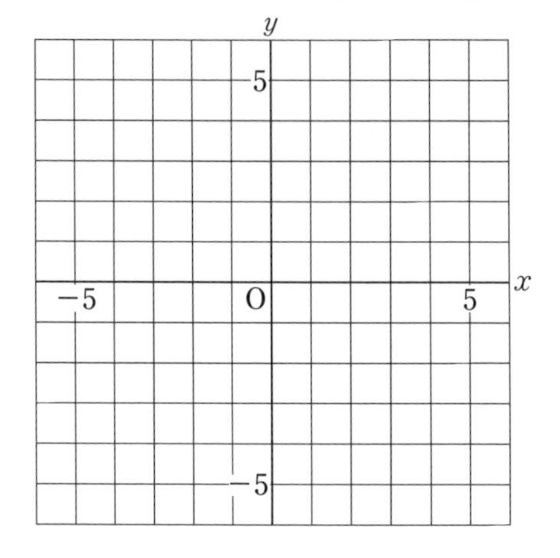

(1)　$2x+3y=6$

(2)　$x-4y-4=0$

(3)　$-3x-1=8$

(4)　$2y+3=-5$

2 連立方程式とグラフ　次の(1)～(3)の連立方程式の解について，㋐～㋒の中からあてはまるものを選び，記号で答えなさい。

(1)　$\begin{cases} 3x+y=7 \\ 6x+2y=-2 \end{cases}$　(2)　$\begin{cases} 4x-3y=9 \\ 5x+y=16 \end{cases}$　(3)　$\begin{cases} 6x-3y=3 \\ 12x-6y=6 \end{cases}$

㋐　2つのグラフは平行で交点がないので，解はない。
㋑　2つのグラフは一致するので，解は無数にある。
㋒　2つのグラフは1点で交わり，解は1組だけある。

3 連立方程式とグラフ　次の連立方程式の解を，グラフをかいて求めなさい。

$\begin{cases} 2x-3y=6 & \cdots\cdots① \\ y=-4 & \cdots\cdots② \end{cases}$

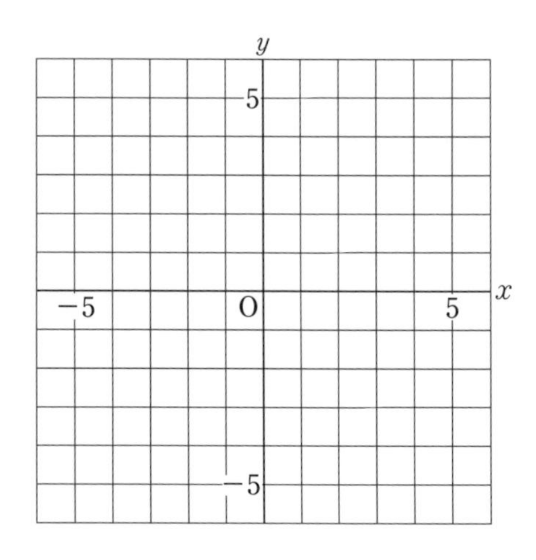

2 それぞれの方程式を，$y=ax+b$ の形に変形してから調べる。(1)は傾きが等しい直線，(3)は傾きも切片も等しい直線になることがわかる。

テストに出る！

予想問題 ② 3章 1次関数 3節 1次関数の活用

20分 ／7問中

1 1次関数のグラフの利用　兄は午前9時に家を出発し，東町までは自転車で走り，東町から西町までは歩きました。右の図は，兄が家を出発してからの時間と道のりの関係をグラフに表したものです。

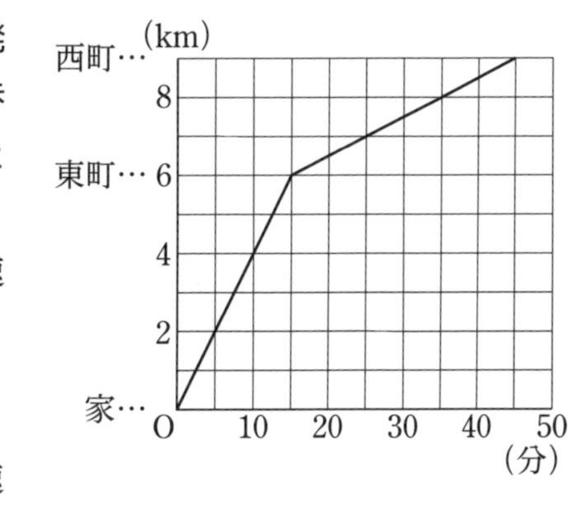

(1) 兄が東町まで自転車で走ったときの速さは，分速何mか求めなさい。

(2) 兄が東町から西町まで歩いたときの速さは，分速何mか求めなさい。

(3) 弟は午前9時15分に家を出発し，分速400 mで，自転車で兄を追いかけました。弟が兄に追い着く時刻を，グラフをかいて求めなさい。

2 よく出る　1次関数と図形　右の図の長方形ABCDで，点PはBを出発して，辺上をC，Dを通ってAまで動きます。点PがBからx cm動いたときの△ABPの面積をy cm^{2}とします。

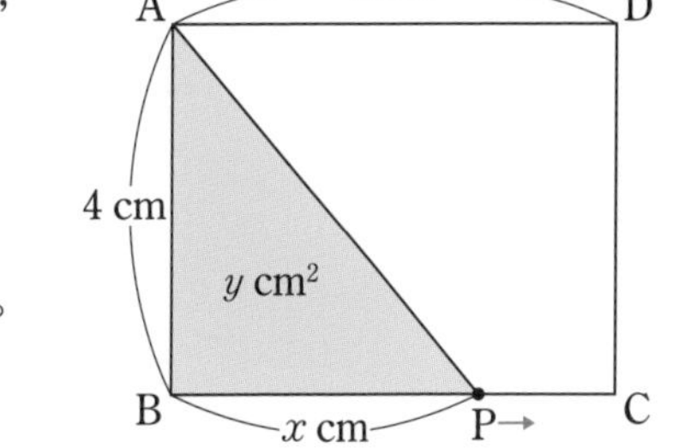

(1) 点Pが辺BC上にあるとき，yをxの式で表しなさい。

(2) 点Pが辺CD上にあるとき，yの値を求めなさい。

(3) 点Pが辺AD上にあるとき，yをxの式で表しなさい。

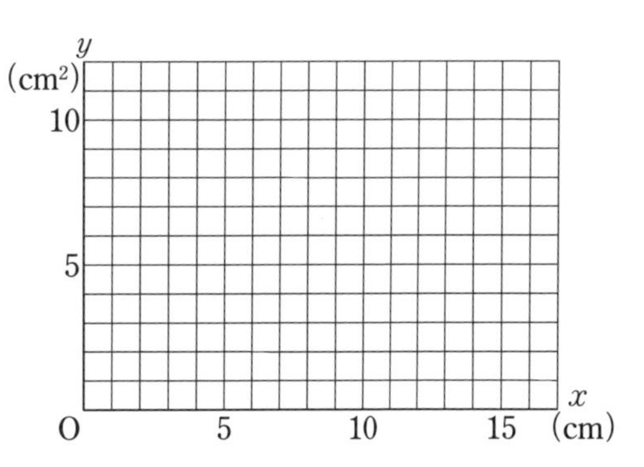

(4) △ABPの面積の変化のようすを表すグラフをかきなさい。

2 (1) $y=\frac{1}{2}\times \mathrm{AB}\times \mathrm{BP}$　(2) $y=\frac{1}{2}\times \mathrm{AB}\times \mathrm{AD}$　(3) $y=\frac{1}{2}\times \mathrm{AB}\times \mathrm{AP}$

テストに出る！
章末予想問題　3章　1次関数

30分　　/100点

1　1次関数 $y=-2x+2$ について，次の問いに答えなさい。　8点×2〔16点〕

(1)　この関数のグラフの傾きと切片を答えなさい。

(2)　$-5 \leqq y \leqq 5$ となるのは，x がどんな範囲にあるときですか。

2　次の直線の式を求めなさい。　8点×3〔24点〕

(1)　$x=4$ のとき $y=-3$ で，x の値が 2 だけ増加すると，y の値は 1 だけ減少する。

(2)　グラフが 2 点 $(-1,\ 7)$，$(3,\ -5)$ を通る。

(3)　グラフと x 軸との交点が $(3,\ 0)$，y 軸との交点が $(0,\ -4)$ である。

3　右の図について，次の問いに答えなさい。　10点×2〔20点〕

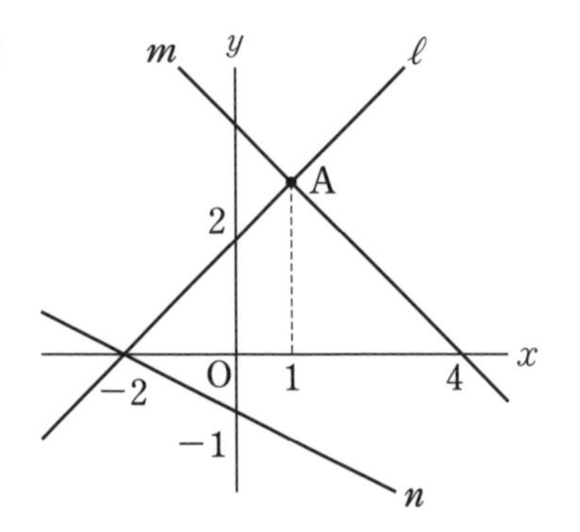

(1)　2 直線 ℓ，m の交点Aの座標を求めなさい。

(2)　2 直線 m，n の交点Bの座標を求めなさい。

解答 p.9

満点ゲット作戦

1次関数の式 $y=ax+b$ のグラフは，直線 $y=ax$ に平行で，点 $(0,\ b)$ を通る直線。$a>0$ → 右上がり，$a<0$ → 右下がり

ココが要点を再確認　もう一歩　合格
0　70　85　100点

4 水を熱し始めてからの時間と水温の関係は右の表のようになりました。熱し始めてから x 分後の水温を y°C として，x と y の関係をグラフに表すと，ほぼ $(0,\ 22)$，$(4,\ 46)$ を通る直線上に並ぶことから，y は x の1次関数とみることができます。

時間（分）	0	1	2	3	4
水温（°C）	22	28	34	39	46

10点×2〔20点〕

(1) y を x の式で表しなさい。

(2) 水温が94°C になるのは，水を熱し始めてから何分後だと予想できますか。

5 差がつく 姉は，家から12 km 離れた東町まで行き，しばらくしてから帰ってきました。右の図は，家を出発してから x 時間後の家からの道のりを y km として，x と y の関係をグラフに表したものです。　10点×2〔20点〕

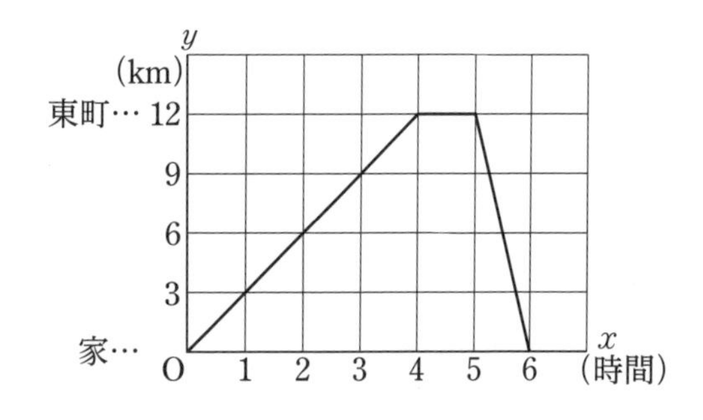

(1) x の変域が $5 \leqq x \leqq 6$ のとき，y を x の式で表しなさい。

(2) 姉が東町に着くと同時に，妹は家から時速4 km の速さで歩いて東町に向かいました。2人は家から何 km 離れた地点で出会いますか。

1	(1) 傾き　　，切片		(2)
2	(1)	(2)	(3)
3	(1)	(2)	
4	(1)	(2)	
5	(1)	(2)	

1	/16点	2	/24点	3	/20点	4	/20点	5	/20点

4章 平行と合同

1節 平行線と角

テストに出る！ 教科書のココが要点

さらっとまとめ（赤シートを使って，□に入るものを考えよう。）

1 直線と角 教 p.104～p.109

・2 直線が交わるとき，向かい合う 2 つの角を 対頂角 といい，それらは 等しい 。

・2 直線に 1 つの直線が交わるとき，次の 1，2 がいえる。

1　2 直線が 平行 ならば，同位角，錯角 は等しい。

2　同位角 または 錯角 が等しければ，その 2 直線は 平行 である。

2 多角形の内角と外角 教 p.110～p.119

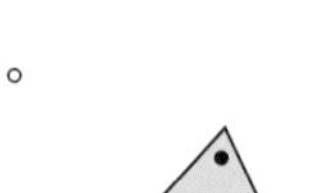

・三角形の 内角 の和は 180° である。

・三角形の 外角 は，それと隣り合わない 2 つの内角の和に等しい。

・n 角形の内角の和は $180° \times (n-2)$ である。

・多角形の外角の和は 360° である。

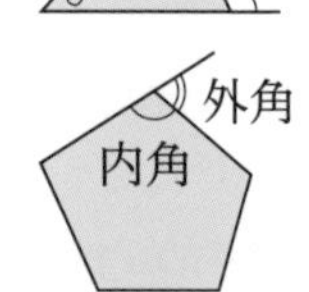

スピード確認（□に入るものを答えよう。答えは，下にあります。）

1

□ 右の図で，対頂角は等しいので，

$\angle a = \angle$ ①，$\angle b = \angle$ ②

★向かい合っている角が対頂角である。

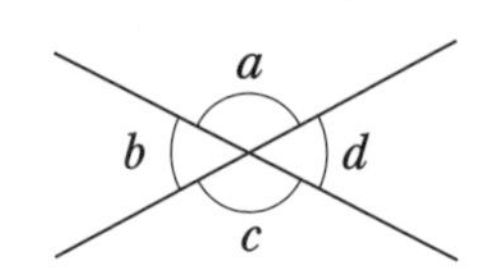

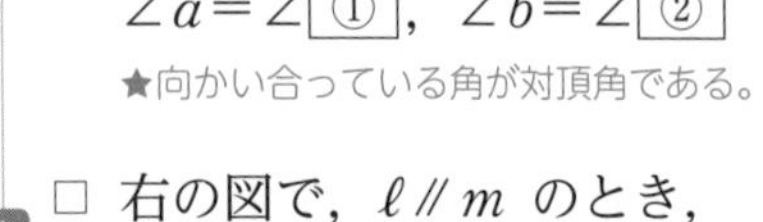

□ 右の図で，$\ell \parallel m$ のとき，

$\angle x$ の同位角は $\angle$ ③

$\angle x$ の錯角は $\angle$ ④

$\angle x = 70°$ ならば，$\angle a = \angle c =$ ⑤ °

$\angle b = \angle d =$ ⑥ °

2

□ 三角形の内角の和は，⑦ ° である。

□ 右の図で，$\angle x$ の大きさは，⑧ ° である。

★$115° = \angle x + 80°$ の関係より求める。

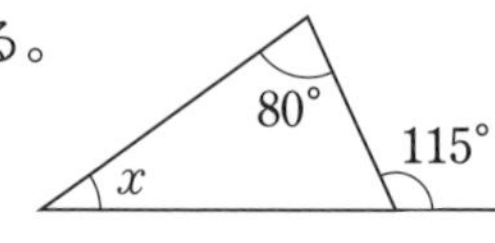

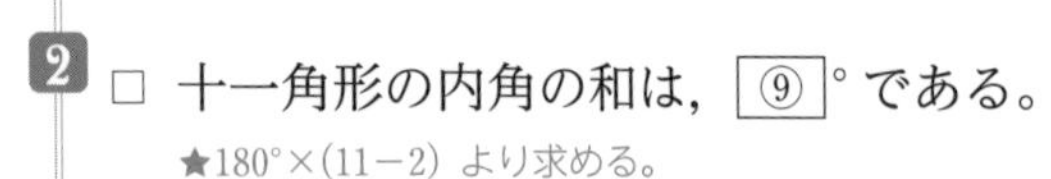

□ 十一角形の内角の和は，⑨ ° である。

★$180° \times (11-2)$ より求める。

□ 九角形の外角の和は，⑩ ° である。

★多角形の外角の和は，いつでも 360° である。

①＿＿＿
②＿＿＿
③＿＿＿
④＿＿＿
⑤＿＿＿
⑥＿＿＿
⑦＿＿＿
⑧＿＿＿
⑨＿＿＿
⑩＿＿＿

答 ①c ②d ③a ④c ⑤70 ⑥110 ⑦180 ⑧35 ⑨1620 ⑩360

解答 p.10

基礎力UP テスト対策問題

1 平行線と角　下の図で，$\ell /\!/ m$ のとき，次の問いに答えなさい。

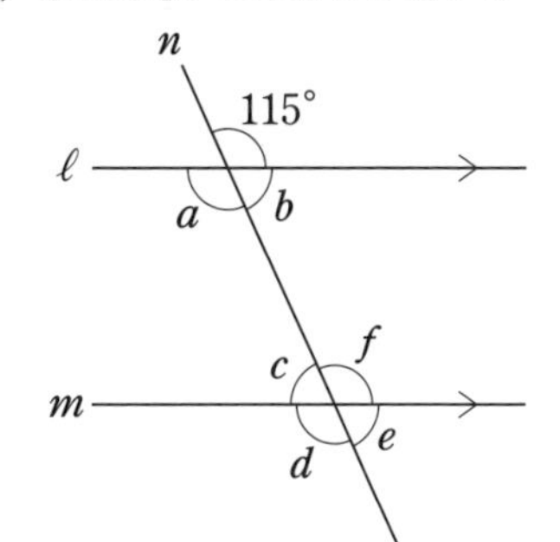

(1)　$\angle a$ の同位角をいいなさい。

(2)　$\angle b$ の錯角をいいなさい。

(3)　$\angle c$ の対頂角をいいなさい。

(4)　$\angle a$～$\angle f$ の大きさを求めなさい。

2 多角形の内角と外角　次の問いに答えなさい。

(1)　七角形の内角の和を求めなさい。

(2)　正八角形の１つの内角の大きさを求めなさい。

(3)　十角形の外角の和を求めなさい。

(4)　正十二角形の１つの外角の大きさを求めなさい。

3 多角形の内角の和の説明　右の五角形について，次の問いに答えなさい。

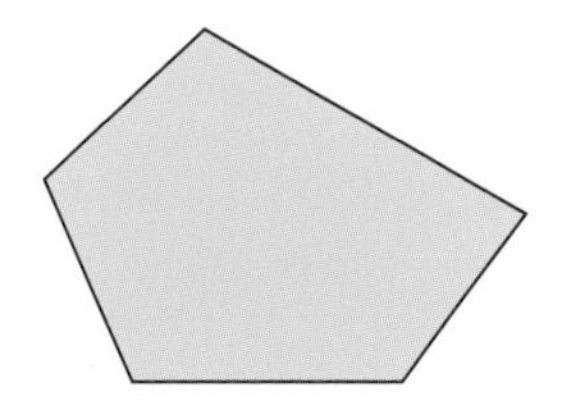

(1)　１つの頂点から，何本の対角線がひけますか。

(2)　(1)の対角線によって，何個の三角形に分けられますか。

(3)　五角形の内角の和を求めなさい。

テスト対策ナビ

ポイント

平行線の性質
1同位角は等しい。
2錯角は等しい。

絶対に覚える!

■ n 角形の内角の和
➡ $180° \times (n-2)$
■多角形の外角の和
➡ $360°$

3 (3)　三角形の内角の和が 180° であることをもとにして，五角形の内角の和を導く。

テストに出る！

予想問題 ① 4章 平行と合同 1節 平行線と角

🕒20分　/9問中

1 対頂角　右の図について，次の問いに答えなさい。

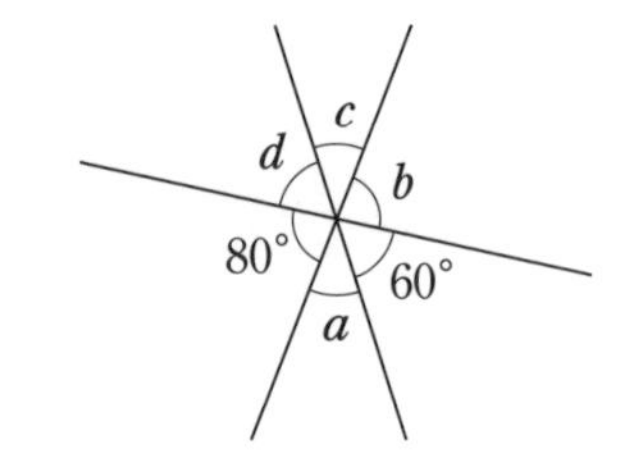

(1) $\angle a$ の対頂角はどれですか。

(2) $\angle a$，$\angle b$，$\angle c$，$\angle d$ の大きさを求めなさい。

2 同位角・錯角　右の図について，$\ell /\!/ m$ のとき，次の問いに答えなさい。

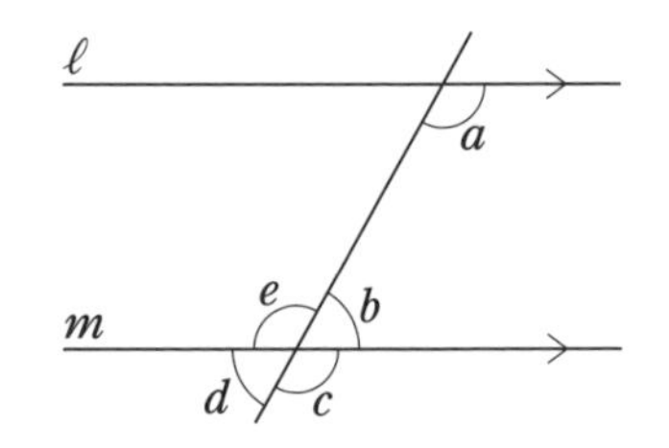

(1) $\angle a$ の同位角，錯角はどれですか。

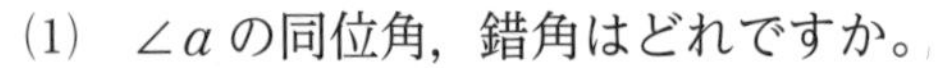

(2) $\angle a=120°$ のとき，$\angle b$，$\angle c$，$\angle d$，$\angle e$ の大きさを求めなさい。

3 平行線と角　右の図について，次の問いに答えなさい。

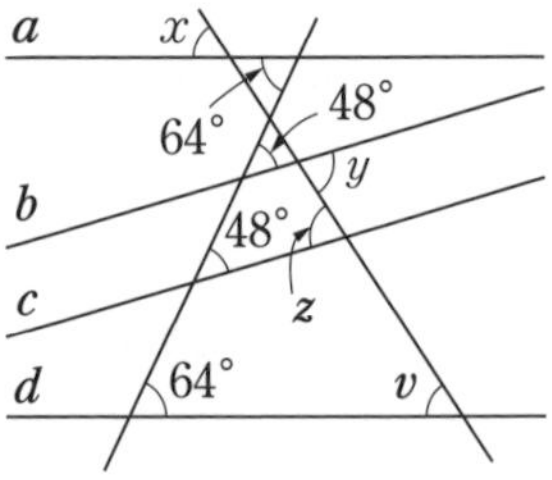

(1) 平行であるものを記号 $/\!/$ を使って示しなさい。

(2) $\angle x$，$\angle y$，$\angle z$，$\angle v$ のうち，等しい角の組をいいなさい。

4 よく出る　平行線と角　次の図で，$\ell /\!/ m$ のとき，$\angle x$ の大きさを求めなさい。

(1)

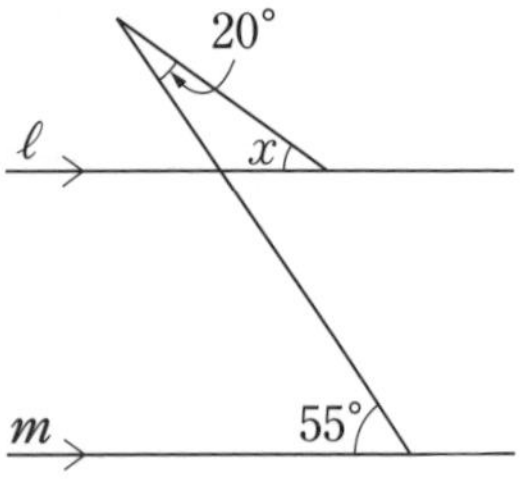

(2)

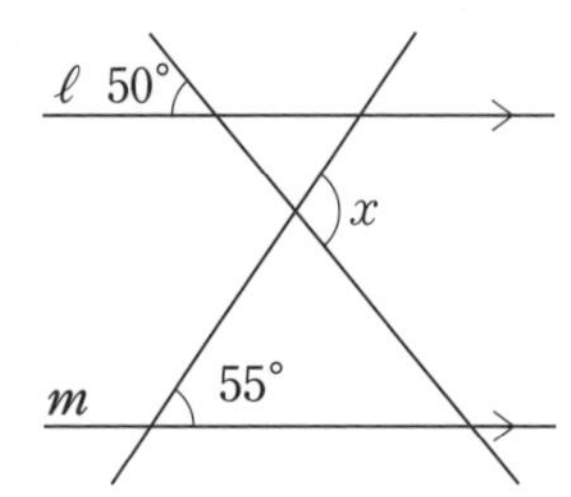

(3)

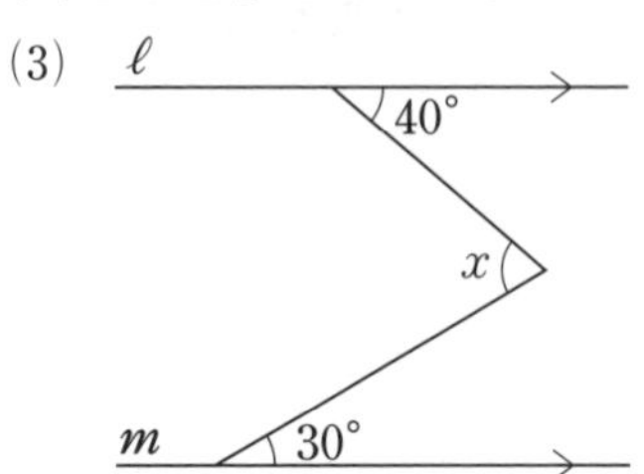

2 (2) $\ell /\!/ m$ より，同位角は等しいから，$\angle a=\angle c$ となる。

3 (1) 同位角か錯角が等しければ，2直線は平行となる。

テストに出る！

予想問題 ②

4章 平行と合同
1節 平行線と角

🕒20分　／9問中

1 多角形の外角の和の説明　右の六角形について，次の問いに答えなさい。

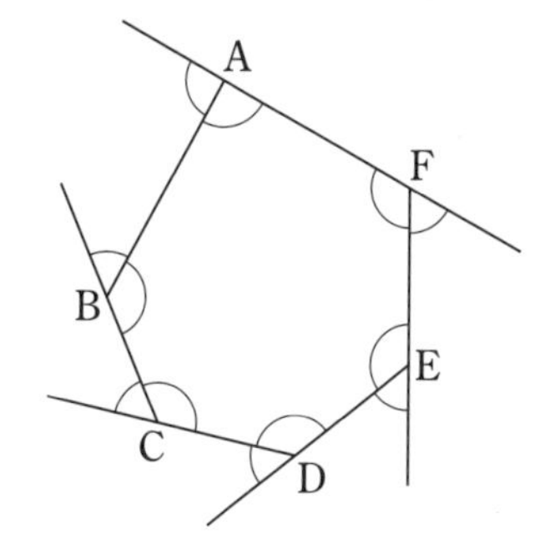

(1) 頂点Aの内角と外角の和は何度ですか。

(2) 6つの頂点の内角と外角の和をすべて加えると何度ですか。

(3) (2)から六角形の内角の和をひいて，六角形の外角の和を求めなさい。ただし，n角形の内角の和が，$180^\circ\times(n-2)$ であることを使ってもよいです。

2 多角形の内角と外角　次の問いに答えなさい。

(1) 右の図のように，A，B，C，D，E，F，G，H を頂点とする多角形があります。この多角形の内角の和を求めなさい。

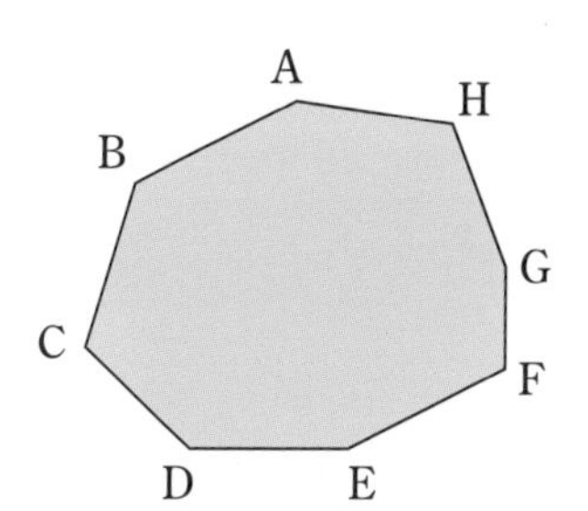

(2) 内角の和が 1440° である多角形は何角形か求めなさい。

(3) 1つの外角が 40° である正多角形は正何角形か求めなさい。

3 よく出る　多角形の内角と外角　次の図で，$\angle x$ の大きさを求めなさい。

(1)

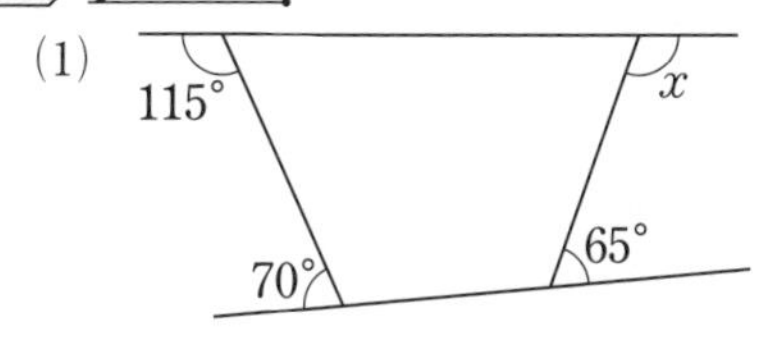

(2)

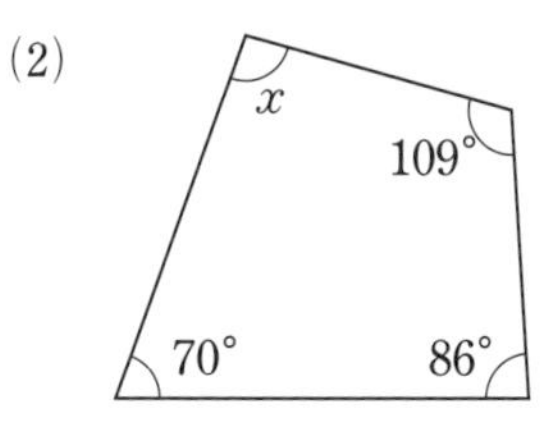

(3)

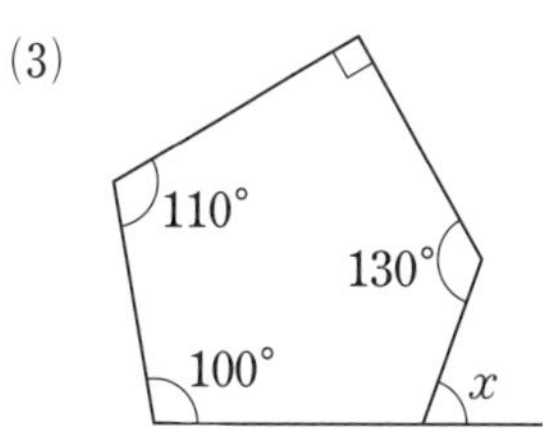

1 (3) 六角形の内角の和が，$180^\circ\times(6-2)$ であることをもとにして，六角形の外角の和を導く。

2 (2) $180^\circ\times(n-2)=1440^\circ$ として，n についての方程式を解く。

2節 合同と証明

テストに出る！ 教科書のココが要点

さらっとまとめ（赤シートを使って，□に入るものを考えよう。）

1 合同な図形 教 p.121～p.122

・平面上の2つの図形において，一方を移動して他方にぴったりと重ね合わせることができるとき，この2つの図形は 合同 である。

・△ABC と △PQR が合同であることを，△ABC ≡ △PQR と表す。

・合同な図形では，対応する 線分 の長さ，角 の大きさはそれぞれ等しい。

2 三角形の合同条件 教 p.123～p.125

1 3組の辺 がそれぞれ等しい。

2 2組の辺とその間の角 がそれぞれ等しい。

3 1組の辺とその両端の角 がそれぞれ等しい。

三角形の合同条件は，正しく覚えよう。

3 証明とそのしくみ 教 p.126～p.130

・「▭ ならば ⬭」ということがらでは，▭ の部分を 仮定，⬭ の部分を 結論 という。

スピード確認（□に入るものを答えよう。答えは，下にあります。）

1

□ 右の図で，△ABC と △A′B′C′ が合同であるとき，

△ABC ① △A′B′C′ と表され，

対応する線分の長さは等しいので，

AB＝A′B′，BC＝②，CA＝③

また，対応する角の大きさは等しいので，

∠A＝∠A′，∠B＝∠④，∠C＝∠⑤

2

□ 右の図で △ABC≡△⑥ である。

合同条件は「⑦ がそれぞれ等しい」が成り立つ。

★記号≡を使うときは，対応する頂点は周にそって同じ順に書く。

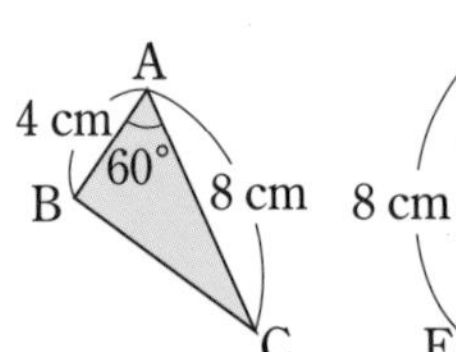

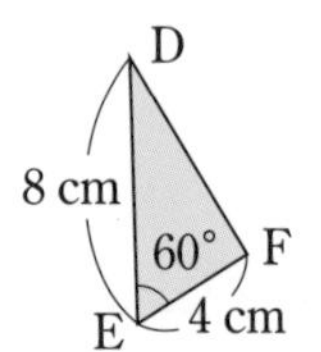

3

□「x が8の倍数 ならば x は4の倍数」ということがらでは，

「x が8の倍数」の部分を ⑧，「x は4の倍数」の部分を ⑨ という。

①
②
③
④
⑤
⑥
⑦
⑧
⑨

答 ①≡　②B′C′　③C′A′　④B′　⑤C′　⑥EFD　⑦2組の辺とその間の角　⑧仮定　⑨結論

解答 p.10

基礎力UP テスト対策問題

1 合同な図形の性質　右の図で2つの四角形が合同であるとき，次の問いに答えなさい。

(1)　2つの四角形が合同であることを，記号≡を使って表しなさい。

(2)　辺CD，辺EHの長さをそれぞれ求めなさい。

(3)　∠C，∠Gの大きさをそれぞれ求めなさい。

(4)　対角線AC，対角線FHに対応する対角線をそれぞれ求めなさい。

2 三角形の合同条件　右の△ABCと△DEFにおいて，AB＝DE，BC＝EF です。このほかにどんな条件をつけ加えれば，△ABC≡△DEFになりますか。つけ加える条件を1ついいなさい。また，そのときの合同条件をいいなさい。

3 仮定と結論　次のことがらの仮定と結論をいいなさい。

(1)　△ABC≡△DEF ならば ∠C＝∠F である。

(2)　xが4の倍数 ならば xは偶数である。

(3)　2直線が平行 ならば 錯角は等しい。

テスト対策ナビ

ミス注意！
合同な図形を記号≡を使って表すとき，対応する頂点は同じ順に書く。

1 (4)　合同な図形では，対応する対角線の長さも等しくなる。

対角線だけではなく，高さも等しくなるよ。

2 合同条件にあてはめて考える。

絶対に覚える！

テストに出る！
予想問題 ① 4章 平行と合同 2節 合同と証明

20分　/6問中

1 よく出る 三角形の合同条件　下の図で，合同な三角形の組をすべて見つけ，記号 ≡ を使って表しなさい。また，その根拠となる三角形の合同条件をいいなさい。

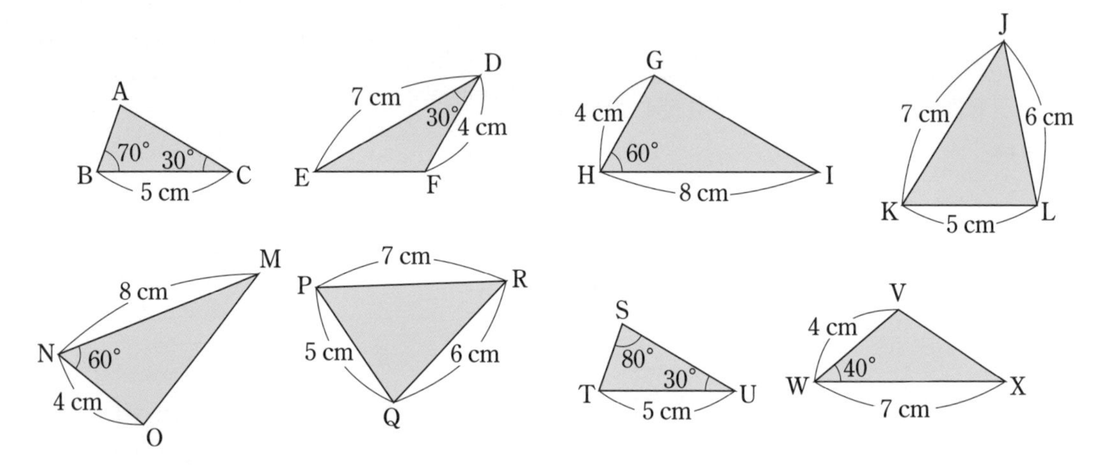

2 三角形の合同条件　次のそれぞれの図形で，合同な三角形を記号≡を使って表しなさい。また，その根拠となる三角形の合同条件をいいなさい。ただし，同じ印をつけた辺や角は，それぞれ等しいとします。

(1)
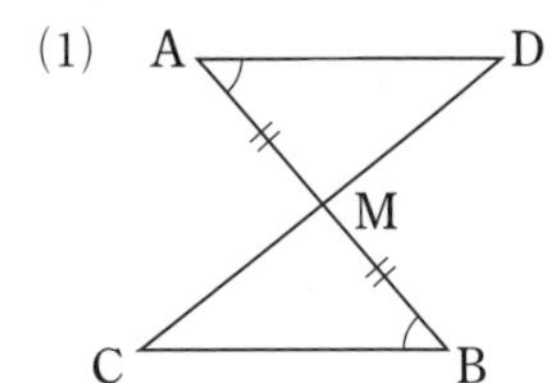

(2)
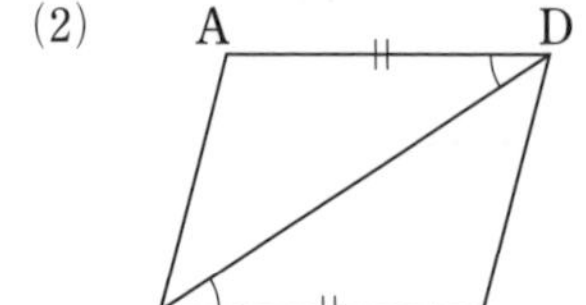

(3)
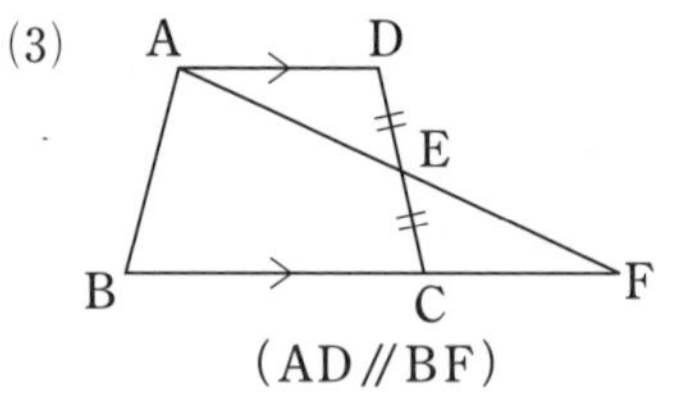

(AD∥BF)

3 仮定と結論　次のことがらの仮定と結論をいいなさい。

(1) △ABC≡△DEF ならば AB＝DE である。

(2) $x=4$，$y=2$ ならば $x-y=2$ である。

1 合同な図形の頂点は，対応する順に書く。
2 対頂角が等しいことや，共通な辺に注目する。

テストに出る！

予想問題 ②

4章 平行と合同
2節 合同と証明

20分　／4問中

1 証明とそのしくみ　下の図で，AB＝CD，AB∥CD ならば，AD＝CB となることを証明します。

(1) このことがらの仮定と結論をいいなさい。

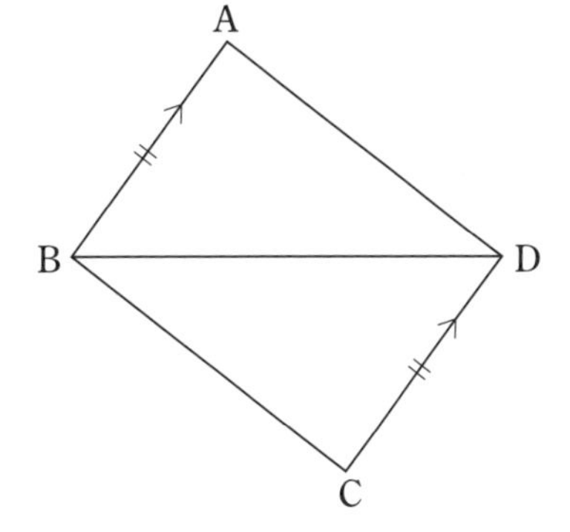

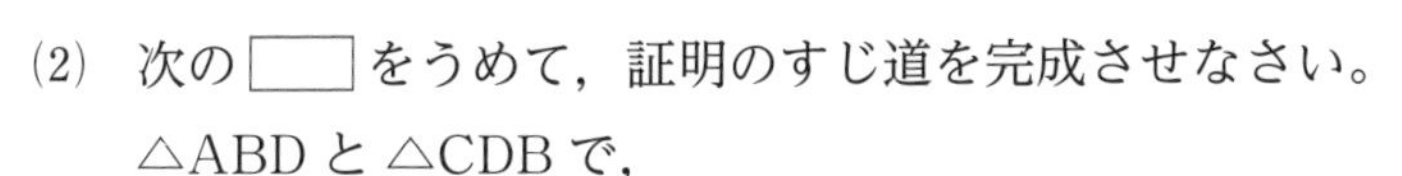

(2) 次の □ をうめて，証明のすじ道を完成させなさい。

△ABD と △CDB で，

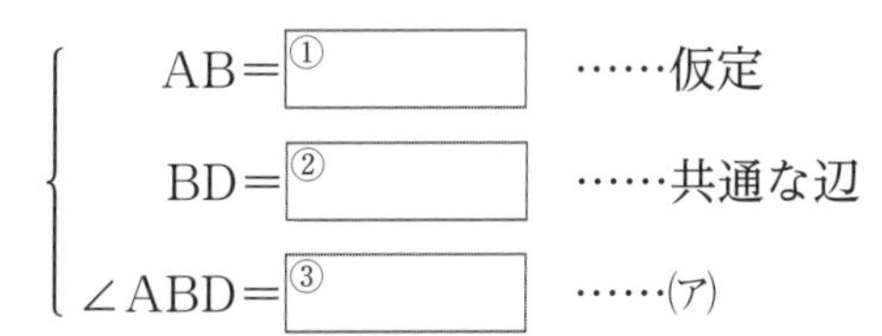

AB＝① ……仮定
BD＝② ……共通な辺
∠ABD＝③ ……(ア)

したがって，

△ABD≡④ ……(イ)

これより，

AD＝⑤ ……(ウ)

(3) (ア)～(ウ)の根拠となっていることがらをいいなさい。

2 よく出る　証明　右の図で，AB＝AC，AE＝AD ならば，∠ABE＝∠ACD となることを証明しなさい。

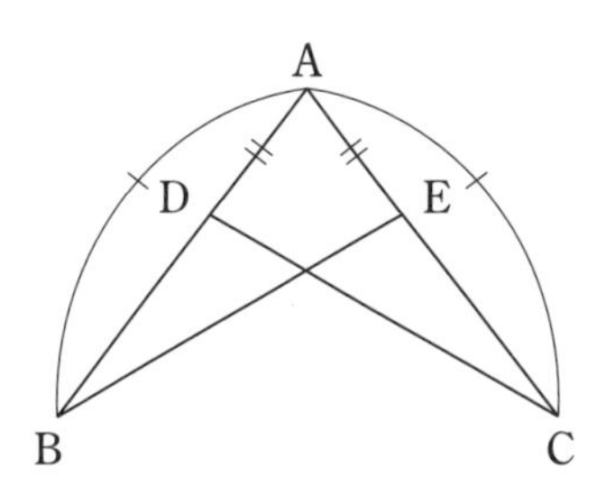

1 AD と CB を辺にもつ △ABD と △CDB の合同を示し，結論を導く。
2 共通な角があることに注意する。

テストに出る！

章末予想問題　4章 平行と合同

30分　/100点

1 右の図について，次の問いに答えなさい。　5点×4〔20点〕

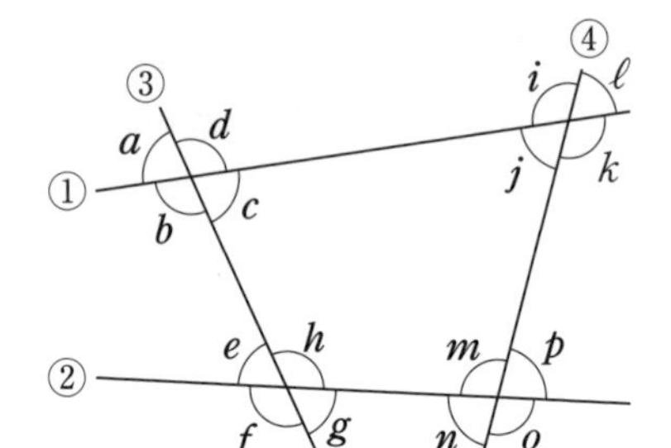

(1) $\angle e$ の同位角をいいなさい。

(2) $\angle j$ の錯角をいいなさい。

(3) 直線①と②が平行であるとき，$\angle c+\angle h$ は何度ですか。

(4) $\angle c=\angle i$ のとき，$\angle g$ と大きさが等しい角をすべて答えなさい。

2 下の図で，$\angle x$ の大きさを求めなさい。　5点×6〔30点〕

(1)

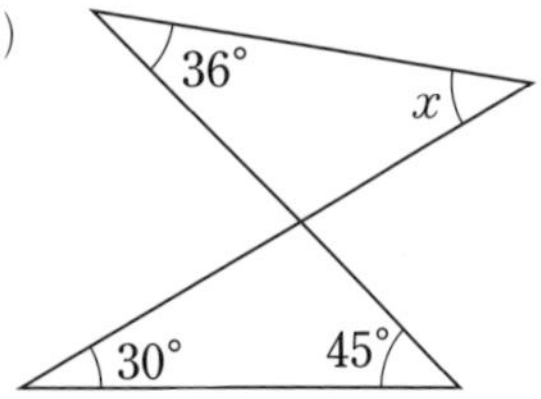

36°　x　30°　45°

(2)

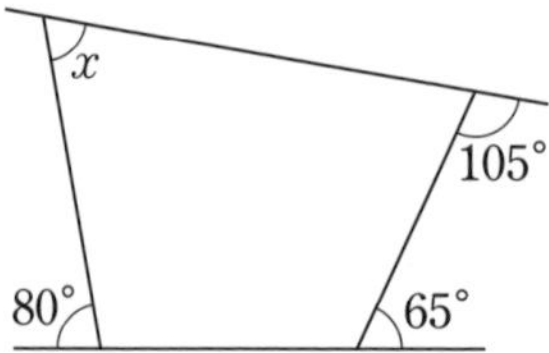

(3)

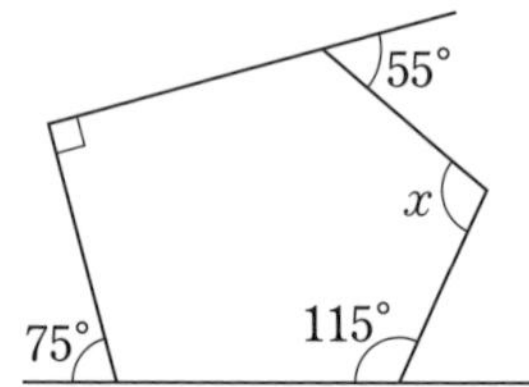

(4) $\ell /\!/ m$

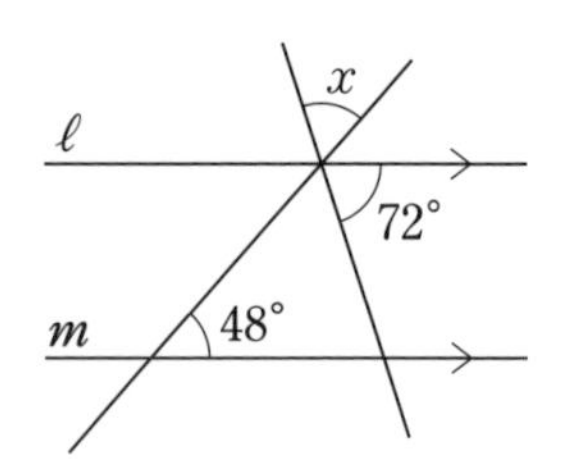

(5) $\ell /\!/ m$

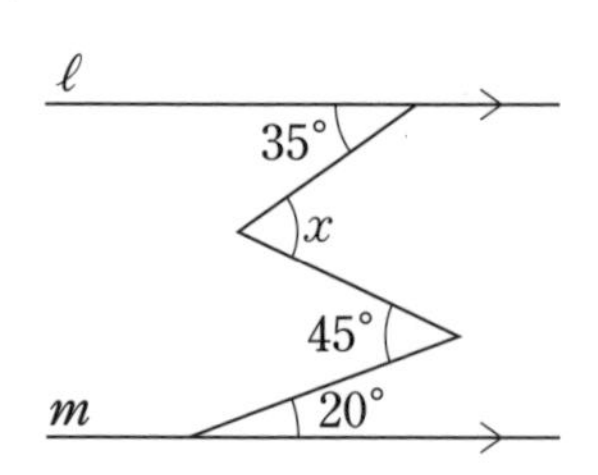

(6)

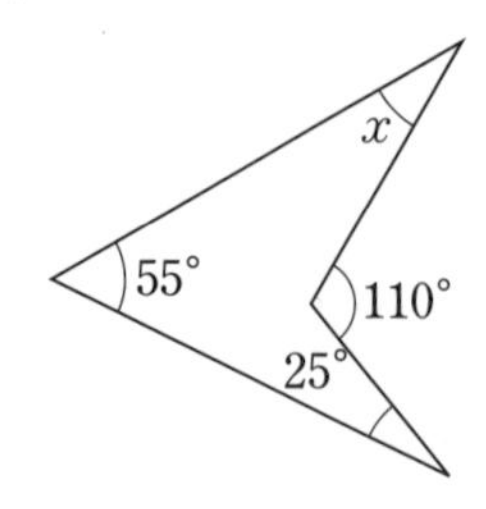

3 次の問いに答えなさい。　5点×2〔10点〕

(1) 正十五角形の１つの外角の大きさを求めなさい。

(2) 内角の和が 1800° である多角形は何角形ですか。

満点ゲット作戦
三角形の合同条件は，「3 組の辺」，「2 組の辺とその間の角」，
「1 組の辺とその両端の角」の 3 つ。

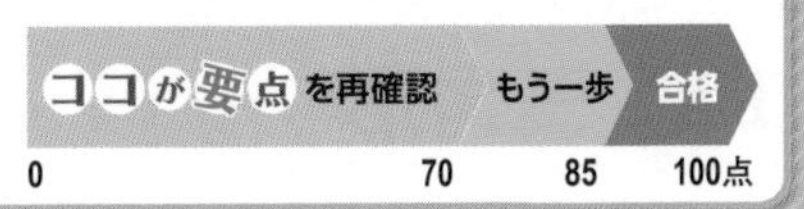

4 右の図で，**AC＝AE**，**∠ACB＝∠AED** ならば，
BC＝DE となることを，次のように証明しました。□
をうめ，(ア)，(イ)の根拠になっていることがらをいいなさい。
6 点× 5〔30 点〕

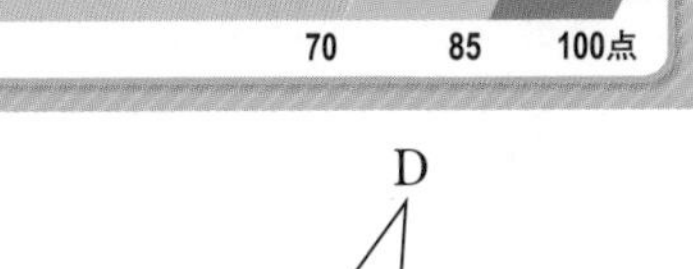
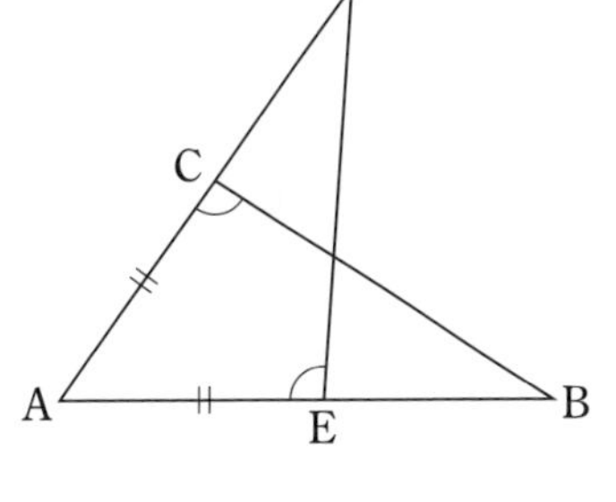

〔証明〕 △ABC と (1)□ で，

仮定から，　AC＝(2)□ ……①

∠ACB＝∠AED ……②

∠A は共通 ……③

①，②，③より，(　(ア)　) から，

△ABC≡(1)□

(　(イ)　) から，BC＝(3)□

5 差がつく 右の図で，AC＝DB，∠ACB＝∠DBC ならば，
AB＝DC となることを証明しなさい。〔10 点〕

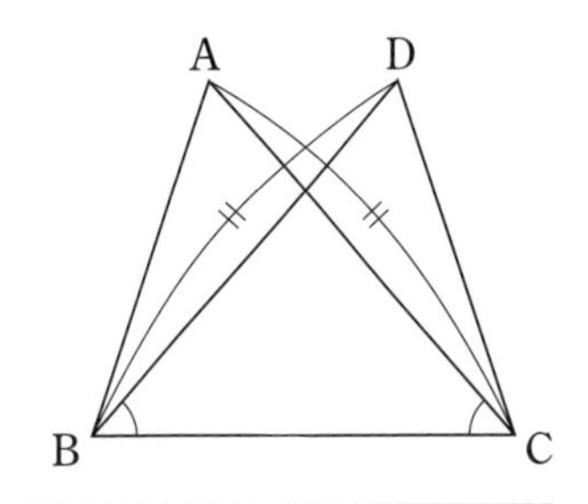

1	(1)	(2)	(3)	(4)
2	(1)	(2)	(3)	
	(4)	(5)	(6)	
3	(1)	(2)		
4	(1)	(2)	(3)	
	(ア)			
	(イ)			
5				

1	/20点	**2**	/30点	**3**	/10点	**4**	/30点	**5**	/10点

5章 三角形と四角形

1節 三角形

テストに出る！ 教科書のココが要点

さらっとまとめ（赤シートを使って，□に入るものを考えよう。）

1 二等辺三角形とその性質 教 p.144〜p.147

- 用語の意味をはっきりと述べたものを，その用語の［定義］という。
- 二等辺三角形の定義…［2つの辺］が等しい三角形。
- 二等辺三角形で，長さの等しい2辺の間の角を［頂角］，頂角に対する辺を［底辺］，底辺の両端の角を［底角］という。
- 証明されたことがらのうち，よく使われるものを［定理］という。
- 二等辺三角形の性質（定理）…① ［底角］は等しい。
  ② 頂角の二等分線は，底辺を［垂直に2等分］する。

頂角
底角　底角
底辺

2 二等辺三角形になるための条件／正三角形 教 p.148〜p.153

- ［2つの角］が等しい三角形は，それらの角を［底角］とする二等辺三角形である。
- 仮定と結論が入れかわっている2つのことがらがあるとき，一方を他方の［逆］という。
- あることがらが成り立たないことを示す例を［反例］という。
- 正三角形の定義…［3つの辺］が等しい三角形。
- 正三角形の性質（定理）…［3つの角］は等しい。

3 直角三角形の合同条件 教 p.154〜p.156

- 直角三角形で，直角に対する辺を［斜辺］という。
- 直角三角形の合同条件…① 斜辺と［1つの鋭角］がそれぞれ等しい。
  ② 斜辺と［他の1辺］がそれぞれ等しい。

スピード確認（□に入るものを答えよう。答えは，下にあります。）

1 □ 右の図は，AB＝AC の二等辺三角形 ABC で，AD は頂角の二等分線である。

(1) 二等辺三角形の［①］は等しいから，
$\angle C = \angle B =$［②］°

(2) 頂角の二等分線は，底辺に垂直だから，
$\angle ADB =$［③］°
$\angle BAD = 180° - (90° +$［④］$°) =$［⑤］°

(3) 頂角の二等分線は，底辺を垂直に2等分するから，
$BD = \frac{1}{2}BC =$［⑥］cm

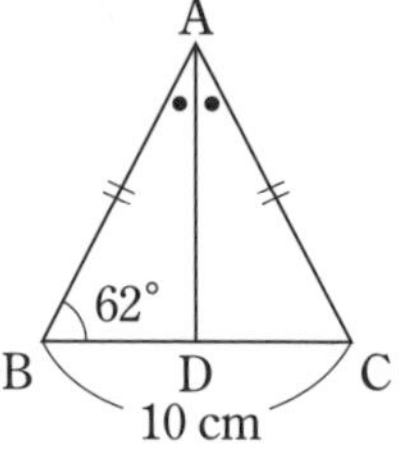

①＿＿＿
②＿＿＿
③＿＿＿
④＿＿＿
⑤＿＿＿
⑥＿＿＿

答 ①底角　②62　③90　④62　⑤28　⑥5

解答 p.12

基礎力UP テスト対策問題

1 二等辺三角形の性質　下のそれぞれの図で，同じ印をつけた辺や角は等しいとして，∠x の大きさを求めなさい。

(1)

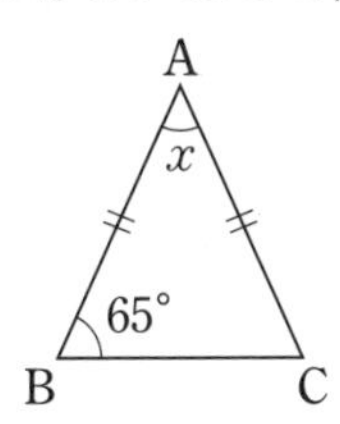

(2)

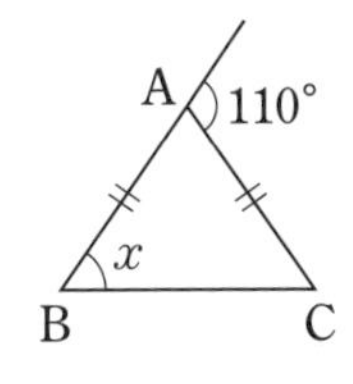

(3)

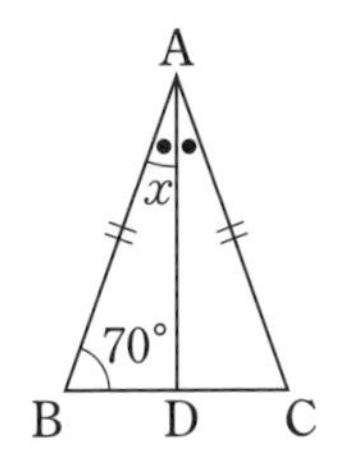

2 二等辺三角形になるための条件　右の図の △ABC で AB＝AC，BD＝CE のとき，△ADE は二等辺三角形になることを，次のように証明しました。□ をうめなさい。

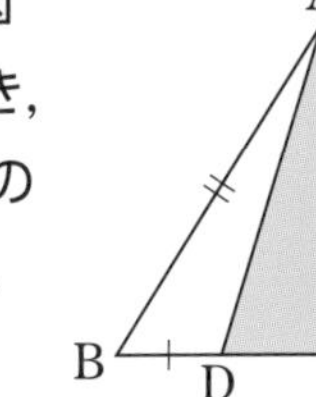

〔証明〕　△ABD と △㋐□ で，

仮定より，　AB＝㋑□　……①

BD＝㋒□　……②

二等辺三角形 ABC の底角は等しいから，

∠ABD＝∠㋓□　……③

①，②，③より，㋔□ がそれぞれ等しいから，

△ABD≡△㋕□

したがって，AD＝AE

2 つの辺が等しいから，△ADE は二等辺三角形である。

3 直角三角形の合同条件　下の図で，合同な直角三角形の組をすべて見つけ，記号≡を使って表しなさい。また，その根拠となる直角三角形の合同条件をいいなさい。

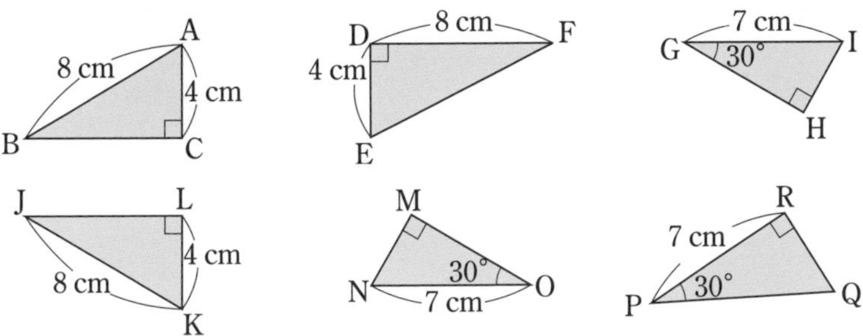

テスト対策ナビ

絶対に覚える!

■二等辺三角形の底角は等しい。

■二等辺三角形の頂角の二等分線は，底辺を垂直に 2 等分する。

2 △ABC は二等辺三角形なので，底角が等しい。

AD と AE を辺にもつ 2 つの三角形の合同を証明するんだね。

3 合同な直角三角形を見つけるときは，「斜辺と 1 つの鋭角」「斜辺と他の 1 辺」が等しいか調べる。

解答 p.12

テストに出る！

予想問題 ①

5章 三角形と四角形
1節 三角形

20分

/5問中

1 二等辺三角形　右の図の △ABC で，AD＝BD＝CD のとき，次の角の大きさを求めなさい。

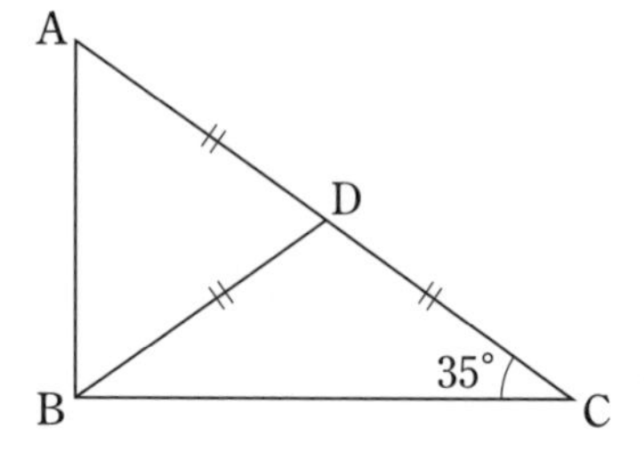

(1)　∠ADB

(2)　∠ABC

2 二等辺三角形になるための条件　右の図の二等辺三角形 ABC で，2つの底角の二等分線の交点をPとします。

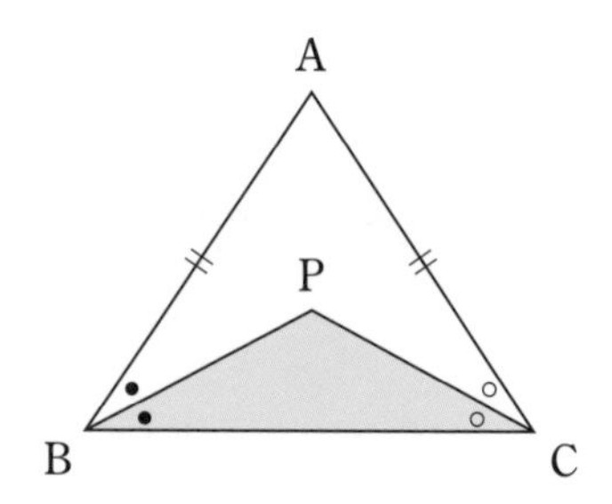

(1)　△PBC はどのような三角形になりますか。

(2)　∠A＝68° のとき，∠BPC の大きさを求めなさい。

3 よく出る　二等辺三角形になるための条件　右の図のように，長方形 ABCD を対角線 BD で折り返したとき，重なった部分の △FBD は二等辺三角形になることを証明しなさい。

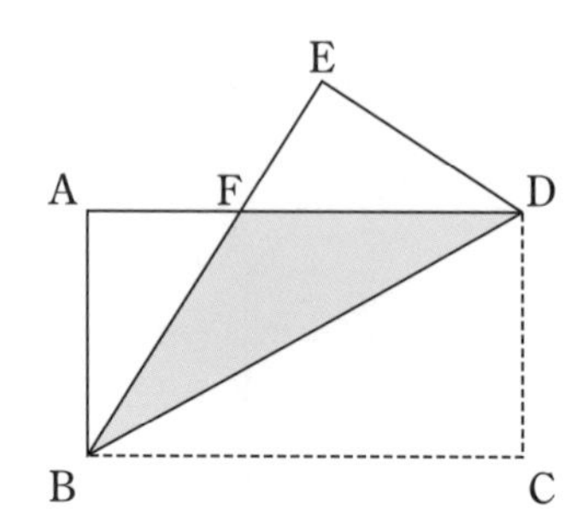

2 (2)　∠BPC＝180°−(∠PBC＋∠PCB)＝180°−(180°−∠A)÷2

3 長方形 ABCD は，AD∥BC であることを利用して，2つの角が等しいことを導く。

テストに出る！
予想問題 ②　5章 三角形と四角形　1節 三角形

🕒20分　/6問中

1 逆　次の(1)〜(3)のことがらの逆をいいなさい。また，それは正しいですか。正しくない場合は，反例を1つ示しなさい。

(1)　$a=4$，$b=3$ ならば $a+b=7$ である。

(2)　2直線に1つの直線が交わるとき，2直線が平行 ならば 同位角は等しい。

(3)　a，b が整数 ならば ab は整数である。

2 直角三角形の合同　右の図で，△ABC は AB＝AC の二等辺三角形です。頂点 B，C から辺 AC，AB にそれぞれ垂線 BD，CE をひきます。

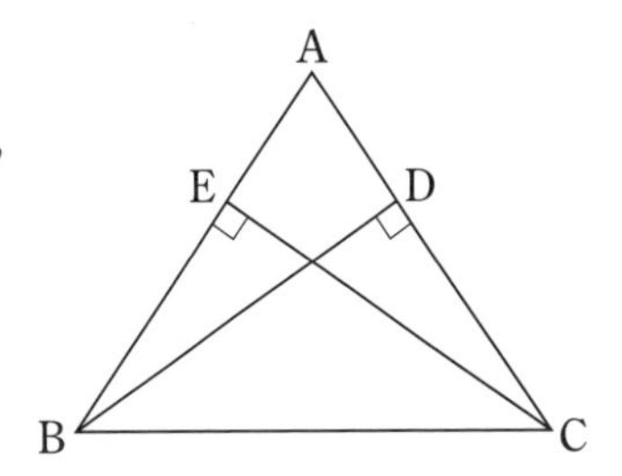

(1)　AD＝AE を証明するには，どの三角形とどの三角形が合同であることを示せばよいですか。

(2)　EC＝DB を証明するには，どの三角形とどの三角形が合同であることを示せばよいですか。また，その根拠となる直角三角形の合同条件をいいなさい。

3 よく出る　直角三角形の合同　右の図のように，∠AOB の二等分線上の点Pがあります。点Pから直線 OA，OB へ垂線をひき，OA，OB との交点をそれぞれ C，D とします。このとき，PC＝PD であることを証明しなさい。

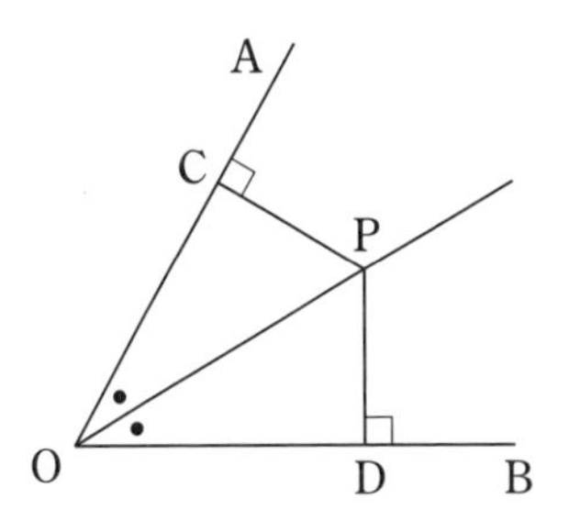

1 定理の逆は，定理の仮定と結論を入れかえたものである。
正しくないときは，反例を1つあげればよい。

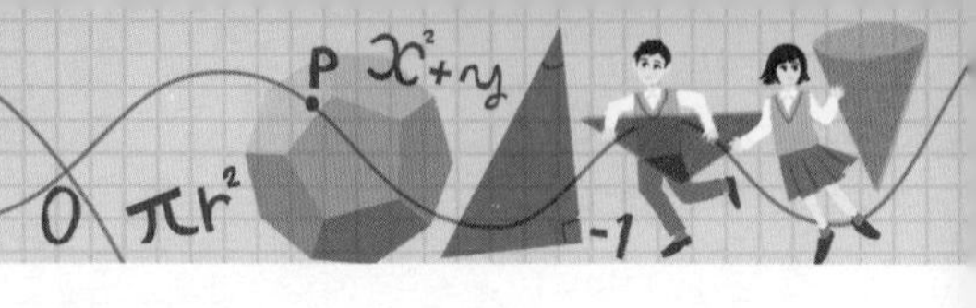

2節 四角形　3節 三角形と四角形の活用

テストに出る！ 教科書のココが要点

さらっとまとめ（赤シートを使って，□に入るものを考えよう。）

1 平行四辺形とその性質 教 p.158～p.161

・四角形の向かい合う辺を［対辺］，向かい合う角を［対角］という。

・平行四辺形の定義…［2組の対辺］がそれぞれ［平行］な四角形。

・平行四辺形の性質（定理）…[1] 2組の［対辺］はそれぞれ等しい。

[2] 2組の［対角］はそれぞれ等しい。

[3] ［対角線］はそれぞれの［中点］で交わる。

2 平行四辺形になるための条件 教 p.162～p.165

・平行四辺形の定義と性質[1]～[3]のどれか，または「［1組の対辺］が［平行］で長さが［等しい］」ことがいえればよい。

3 特別な平行四辺形 教 p.166～p.168

・ひし形の定義…［4つの辺］が等しい四角形。

・長方形の定義…［4つの角］が等しい四角形。

・正方形の定義…［4つの辺］が等しく，［4つの角］が等しい四角形。

・ひし形の対角線…［垂直］に交わる。

・長方形の対角線…長さが［等しい］。

・正方形の対角線…［垂直］に交わり，長さが［等しい］。

4 平行線と面積 教 p.170～p.171

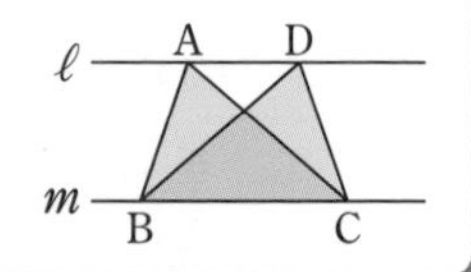

・底辺が共通な三角形では，高さが等しければ［面積］も等しい。

例 右の図で，$\ell /\!/ m$ であるとき，△ABC＝△DBC となる。

スピード確認（□に入るものを答えよう。答えは，下にあります。）

1 □ 右の ▱ABCD について答えなさい。

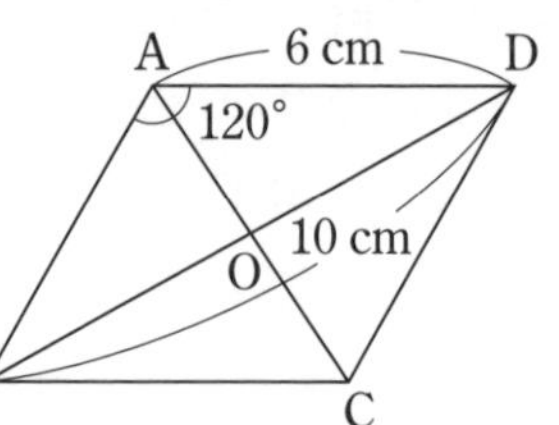

(1) 平行四辺形の対辺は等しいから，

BC＝AD＝［①］cm

(2) 平行四辺形の対角は等しいから，

∠BCD＝∠BAD＝［②］°

(3) 平行四辺形の対角線は，それぞれの［③］で交わるから，

$BO=DO=\frac{1}{2}BD=$［④］cm

①＿＿＿＿
②＿＿＿＿
③＿＿＿＿
④＿＿＿＿

答 ①6　②120　③中点　④5

基礎力UP テスト対策問題

1 平行四辺形の性質　次の(1)，(2)の ▱ABCD で，x，y の値をそれぞれ求めなさい。また，そのときに使った平行四辺形の性質をいいなさい。

(1)

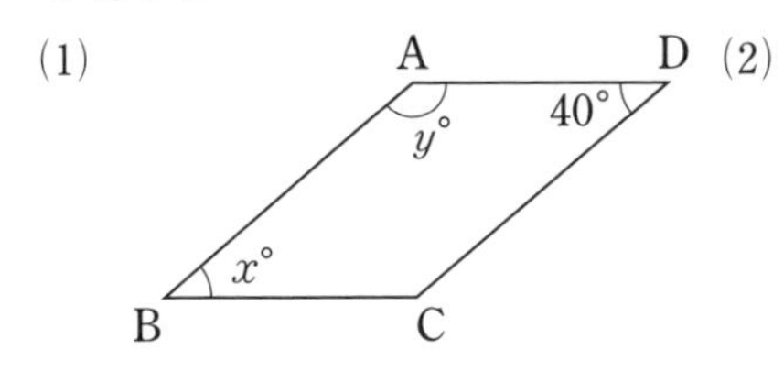

(2)

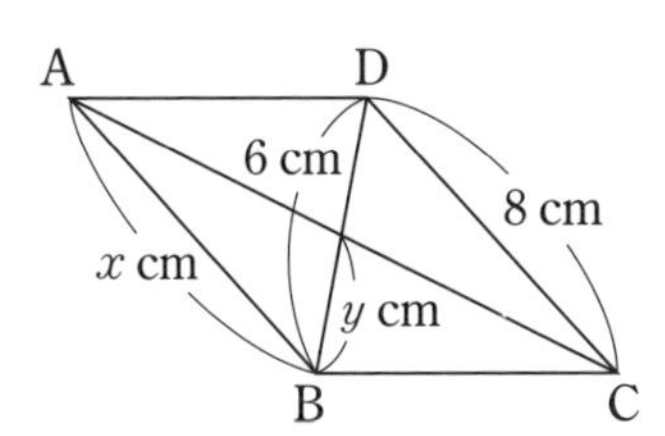

2 平行四辺形になるための条件　右の図の ▱ABCD の対角線の交点をOとし，対角線 BD 上に，BE＝DF となるように 2 点 E，F をとれば，四角形 AECF は平行四辺形になることを，次のように証明しました。□ をうめなさい。

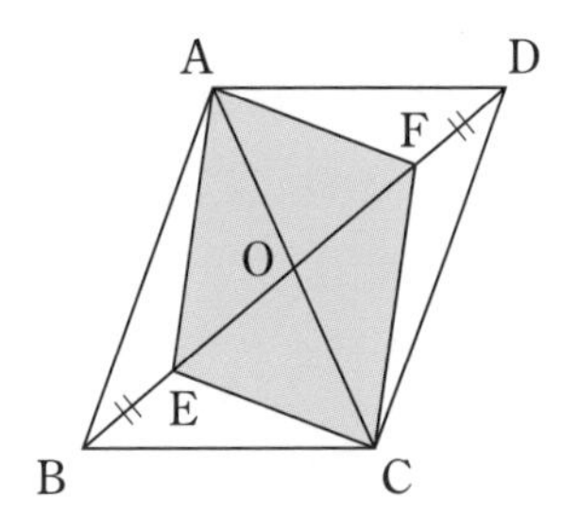

〔証明〕 平行四辺形の対角線は，それぞれの ㋐□ で交わるから，

OA＝㋑□ ……①

OB＝㋒□ ……②

仮定より，　BE＝DF　……③

②，③より，OE＝㋓□ ……④

①，④より，㋔□ がそれぞれの ㋕□ で交わるから，

四角形 AECF は平行四辺形である。

3 平行線と面積　▱ABCD の辺 BC の中点をEとします。

(1) △AEC と面積が等しい三角形を 2 ついいなさい。

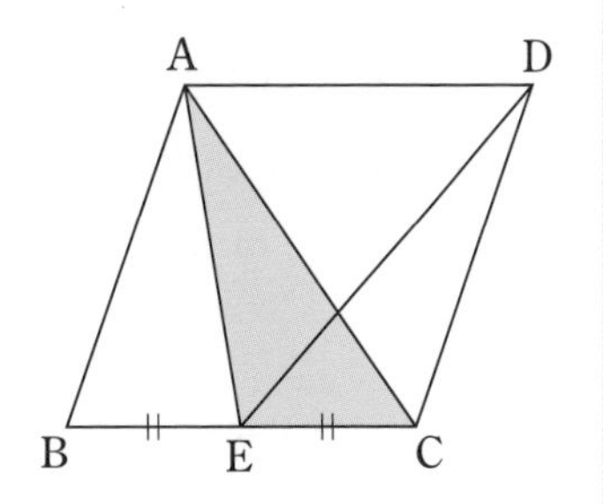

(2) △AEC の面積が 20 cm² のとき，▱ABCD の面積を求めなさい。

テスト対策ナビ

1 (1) 四角形の内角の和と平行四辺形の性質から，$2x°+2y°=360°$ となることを利用する。

絶対に覚える!

平行四辺形になるための条件

(定義) 2 組の対辺がそれぞれ平行。

1 2 組の対辺がそれぞれ等しい。

2 2 組の対角がそれぞれ等しい。

3 対角線がそれぞれの中点で交わる。

4 1 組の対辺が平行で長さが等しい。

ポイント

底辺と高さが等しい 2 つの三角形の面積は等しい。

テストに出る！

予想問題 ①

5章 三角形と四角形
2節 四角形

🕓20分　/5問中

1 平行四辺形の性質　右の図で，△ABC は AB＝AC の二等辺三角形です。また，点 D，E，F はそれぞれ辺 AB，BC，CA 上の点で，AC∥DE，AB∥FE です。

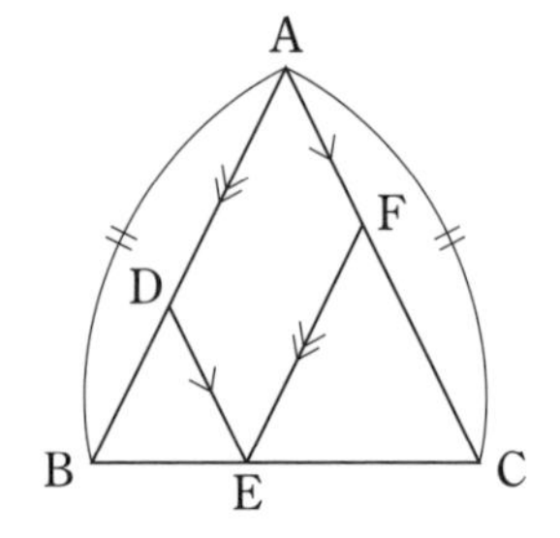

(1) ∠DEF＝52° のとき，∠C の大きさを求めなさい。

(2) DE＝3 cm，EF＝5 cm のとき，辺 AB の長さを求めなさい。

2 よく出る　平行四辺形の性質　右の図の ▱ABCD で，BE＝DF のとき，AE＝CF となることを，次のように証明しました。□ をうめなさい。

〔証明〕 △ABE と ㋐□ で，

仮定から，BE＝㋑□ ……①

平行四辺形の対辺はそれぞれ等しいから，

AB＝㋒□ ……②

平行四辺形の対角はそれぞれ等しいから，

∠B＝㋓□ ……③

①，②，③より，㋔□ がそれぞれ等しいから，

△ABE≡㋕□

したがって，

AE＝CF

3 平行四辺形になるための条件　次の四角形 ABCD は，平行四辺形であるといえますか。ただし，四角形 ABCD の対角線の交点を O とします。

(ア) ∠A＝68°，∠B＝112°，AD＝3 cm，BC＝3 cm

(イ) OA＝OD＝2 cm，OB＝OC＝3 cm

1 四角形 ADEF は平行四辺形，△DBE，△FEC は二等辺三角形になる。

3 図をかいて，平行四辺形になるための条件にあてはまるか考える。

解答 p.13

テストに出る！

予想問題 ②

5章 三角形と四角形
2節 四角形　3節 三角形と四角形の活用

20分

/4問中

1 特別な平行四辺形　下の図は，平行四辺形が長方形，ひし形，正方形になるためには，どんな条件を加えればよいかまとめたものです。□にあてはまる条件を，㋐～㋕の中からすべて選びなさい。

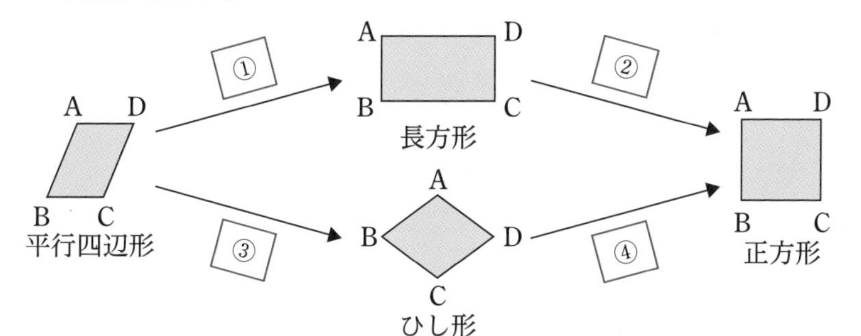

㋐　AD∥BC
㋑　AB＝BC
㋒　AC⊥BD
㋓　∠A＝90°
㋔　AB∥DC
㋕　AC＝BD

2 ひし形　右の図のような，対角線が垂直に交わる▱ABCD について，次の問いに答えなさい。ただし，AC と BD との交点を O とします。

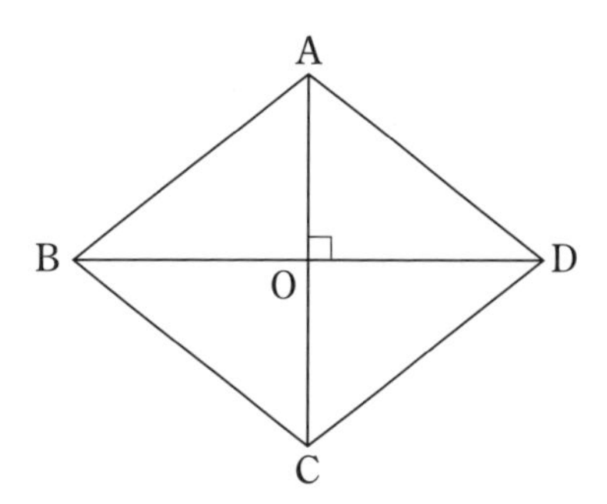

(1)　△ABO≡△ADO であることを証明しなさい。

(2)　▱ABCD は，ひし形であることを証明しなさい。

3 よく出る　平行線と面積　右の図で，BC の延長上に点Eをとり，四角形 ABCD と面積が等しい △ABE をかきなさい。また，下の□をうめて，四角形 ABCD＝△ABE の証明を完成させなさい。

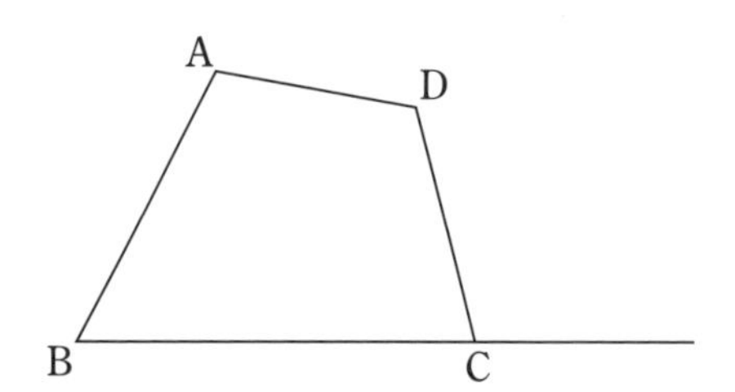

〔証明〕　四角形 ABCD＝△ABC＋①□

△ABE＝△ABC＋②□

AC∥DE から，△ACD＝③□

したがって，四角形 ABCD＝△ABE

1 長方形，ひし形，正方形の定義と，それぞれの対角線の性質から考える。

3 点Dを通り，AC に平行な直線をひき，辺 BC の延長との交点をEとする。

テストに出る！

章末予想問題 5章 三角形と四角形

30分

/100点

1 次の図で，同じ印をつけた辺や角は等しいとして，$\angle x$，$\angle y$ の大きさを求めなさい。

6点×3〔18点〕

(1)

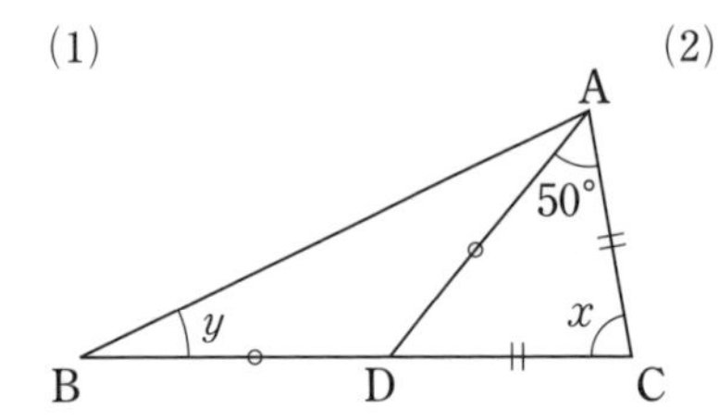

(2)

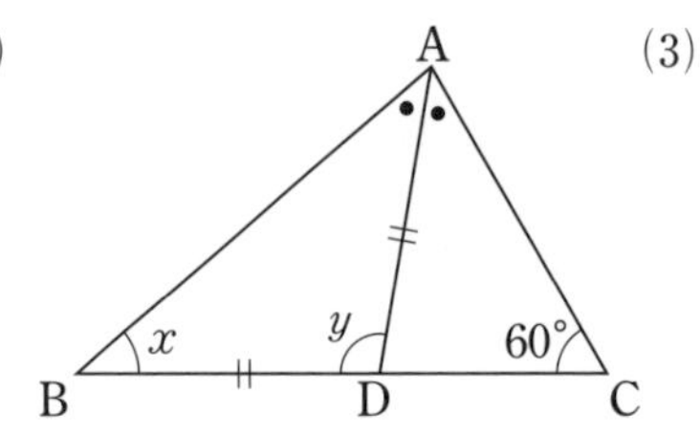

(3)

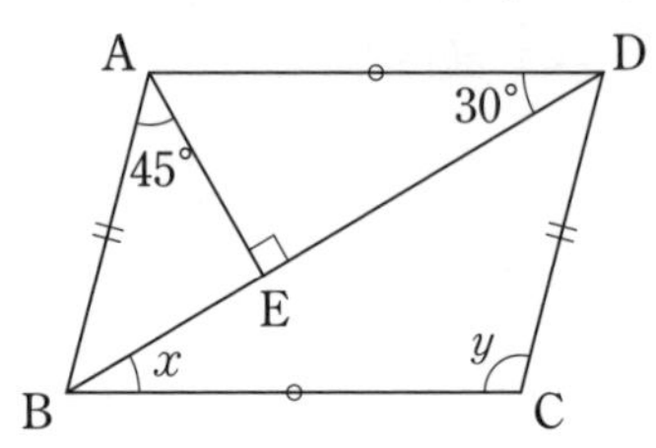

2 右の図で，△ABC は AB＝AC の二等辺三角形です。BE＝CD のとき，△FBC は二等辺三角形になります。このことを，△EBC と △DCB の合同を示すことによって証明しなさい。

〔20点〕

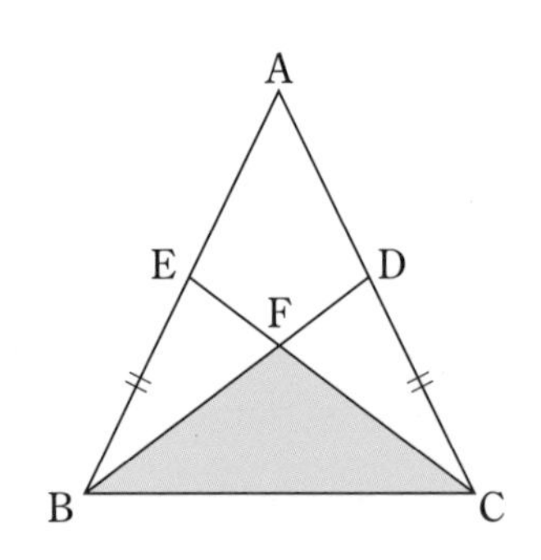

3 右の図で，△ABC は ∠A＝90° の直角二等辺三角形です。∠B の二等分線が辺 AC と交わる点を D とし，D から辺 BC に垂線 DE をひきます。

6点×2〔12点〕

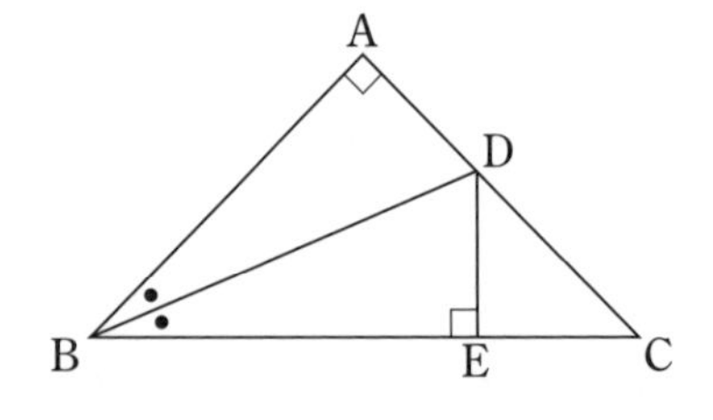

(1) △ABD と合同な三角形を記号≡を使って表しなさい。また，その根拠となる三角形の合同条件をいいなさい。

(2) 線分 DE と長さの等しい線分を 2 ついいなさい。

4 右の図で，▱ABCD の ∠BAD，∠BCD の二等分線と辺 BC，AD との交点を，それぞれ P，Q とします。このとき，四角形 APCQ が平行四辺形になることを証明しなさい。

〔20点〕

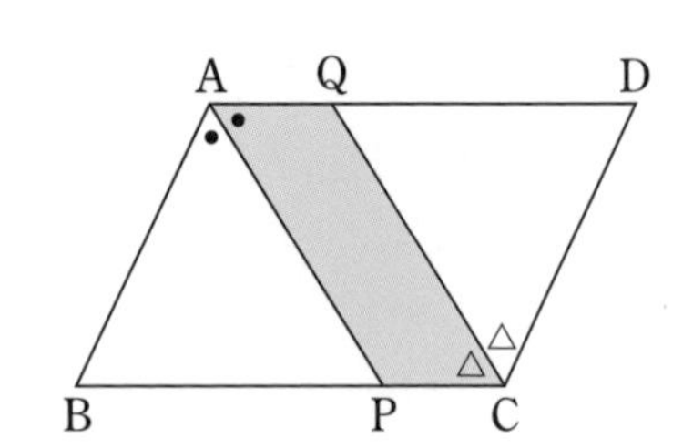

解答 p.13

満点ゲット作戦

特別な三角形，四角形の定義や性質（定理）は絶対暗記。
面積が等しい三角形は，平行線に注目して考える。

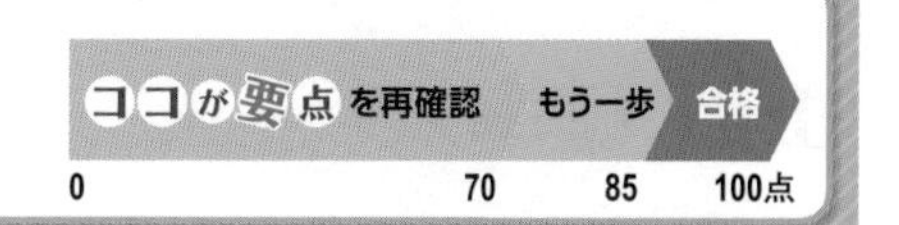

5 右の図の長方形 ABCD で，P，Q，R，S はそれぞれ辺 AB，BC，CD，DA の中点です。四角形 PQRS は，どんな四角形になりますか。〔15 点〕

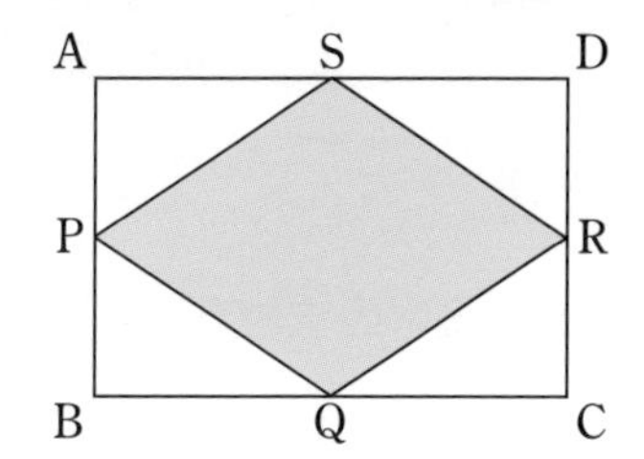

6 差がつく 右の図で，▱ABCD の対角線 AC に平行な直線をひき，辺 AB，BC との交点をそれぞれ E，F とします。このとき，△AED と面積が等しい三角形をすべて答えなさい。〔15 点〕

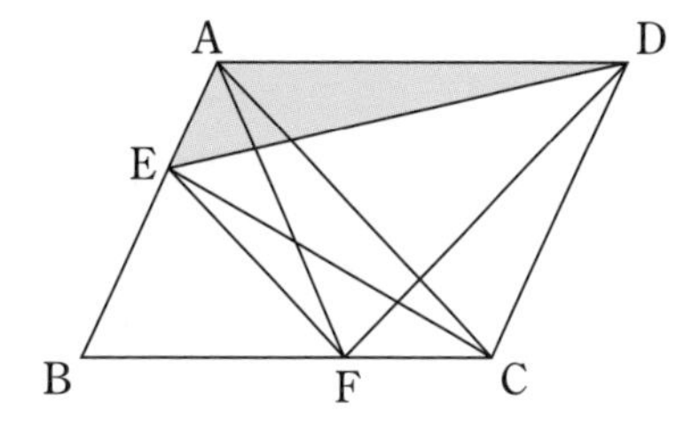

1	(1) $\angle x=$　　　，$\angle y=$	(2) $\angle x=$　　　，$\angle y=$
	(3) $\angle x=$　　　，$\angle y=$	
2		
3	(1)	
	(2)	
4		
5		
6		

1	/18点	2	/20点	3	/12点	4	/20点	5	/15点	6	/15点

1節 確率

テストに出る! 教科書のココが要点

さらっとまとめ (赤シートを使って，□に入るものを考えよう。)

1 確率の求め方 教 p.184〜p.188

・起こりうるすべての場合が n 通りで，そのどれが起こることも 同様に確からしい とする。そのうち，ことがらAの起こる場合が a 通りあるとき，

ことがらAの起こる確率　$p=\frac{a}{n}$

・起こりうるすべての場合を整理して数え上げるとき，樹形図 が利用される。

例　1枚の硬貨を2回投げるとき，表，裏の出方は，右の樹形図より，4通りある。

1回目　2回目
表 ― 表，裏
裏 ― 表，裏

・$p=$ 0 のとき，そのことがらは決して起こらない。

・$p=$ 1 のとき，そのことがらは必ず起こる。

・確率 p の範囲は，$0 \leqq p \leqq 1$

スピード確認 (□に入るものを答えよう。答えは，下にあります。)

□ (Aの起こる確率)$=\frac{(\text{①}\ \text{場合の数})}{(\text{起こりうるすべての場合の数})}$

□ 1枚の硬貨を2回投げる。

(1)　1回が表で1回が裏の出る確率は，右の樹形図より，$\frac{②}{4}=\frac{③}{2}$

(2)　2回とも裏が出る確率は $\frac{④}{4}$

1回目　2回目
表 ― 表，裏
裏 ― 表，裏

1 □ 確率 p の範囲は，⑤ $\leqq p \leqq$ ⑥ である。

□ 1個のさいころを投げるとき，目の出方は全部で ⑦ 通りある。

□ さいころを投げて，3の目が出る確率は，$\frac{1}{⑧}$ である。

□ さいころを投げて，7の目が出る確率は，⑨ である。

★決して起こらないことがらの確率は0である。

□ さいころを投げて，6以下の目が出る確率は，⑩ である。

★必ず起こることがらの確率は1である。

①
②
③
④
⑤
⑥
⑦
⑧
⑨
⑩

答　①Aの起こる　②2　③1　④1　⑤0　⑥1　⑦6　⑧6　⑨0　⑩1

解答 p.14

基礎力UP テスト対策問題

1 同様に確からしいこと　ジョーカーを除く52枚のトランプから1枚引くとき，㋐，㋑のことがらの起こりやすさは同じであるといえますか。

㋐　赤いマーク（ハートまたはダイヤ）のカードを引く

㋑　黒いマーク（クラブまたはスペード）のカードを引く

2 確率の求め方　1個のさいころを投げるとき，次の問いに答えなさい。

(1)　起こりうるすべての場合は何通りですか。

(2)　(1)のどれが起こることも同様に確からしいといえますか。

(3)　出る目の数が偶数になる場合は何通りありますか。

(4)　出る目の数が偶数になる確率を求めなさい。

(5)　出る目の数が3の倍数になる確率を求めなさい。

(6)　出る目の数が6の約数になる確率を求めなさい。

3 樹形図　100円硬貨と10円硬貨が1枚ずつあり，この2枚を同時に投げるとき，次の確率を求めなさい。

(1)　2枚とも裏が出る確率

(2)　表が出た硬貨について，その金額の合計が100円以上になる確率

テスト対策ナビ

絶対に覚える！

（Aの起こる確率）$=\dfrac{\text{（Aの起こる場合の数）}}{\text{（すべての場合の数）}}$

2 (2)　さいころは，正しく作られているものとして考える。

(5)　3の倍数となるのは，3，6。

(6)　6の約数となるのは，1，2，3，6。

ある整数をわりきることができる整数が約数だよ。

ポイント

起こりうるすべての場合を，樹形図にかき出してみる。

テストに出る！
予想問題 ①　6章 確率　1節 確率

20分　/9問中

1 同様に確からしいこと　次の文章は，さいころの目の出方について説明したものです。㋐～㋓のうち，正しいものをすべて選びなさい。

㋐　さいころを 6 回投げると，3 の目は必ず 1 回出る。

㋑　さいころを 6000 回投げると，3 の目はそのうち 1000 回程度出ると期待できる。

㋒　さいころを 1 回投げるとき，3 の目が出る確率と 4 の目が出る確率は同じである。

㋓　さいころを 1 回投げて 3 の目が出たから，次にこのさいころを投げるときは，4 の目が出る確率は $\frac{1}{6}$ より大きくなる。

2 確率の求め方　1，2，3，…，20 の数字を 1 つずつ記入した 20 枚のカードがあります。このカードをよくきって 1 枚引きます。

(1)　起こりうるすべての場合は何通りですか。また，どの場合が起こることも同様に確からしいといえますか。

(2)　引いた 1 枚のカードに書かれた数が偶数になる確率を求めなさい。

(3)　引いた 1 枚のカードに書かれた数が 4 の倍数になる確率を求めなさい。

(4)　引いた 1 枚のカードに書かれた数が 20 の約数になる確率を求めなさい。

3 よく出る　確率の求め方　ジョーカーを除く 52 枚のトランプから 1 枚引くとき，次の確率を求めなさい。

(1)　引いたカードがダイヤである確率

(2)　引いたカードがキングである確率

(3)　引いたカードが絵札である確率

(4)　引いたカードが 18 である確率

2 (4)　20 の約数をすべて書き出してから考える。
3 (3)　絵札は J，Q，K のことである。

テストに出る！

予想問題 ②　6章 確率　1節 確率

20分　/8問中

1 確率の求め方　赤玉4個，白玉5個，青玉3個が入った袋があります。この袋の中から玉を1個取り出すとき，次の確率を求めなさい。

(1) 白玉が出る確率

(2) 赤玉または白玉が出る確率

(3) 赤玉または白玉または青玉が出る確率

2 よく出る　樹形図と確率　A，B，Cの3人がじゃんけんを1回します。

(1) グー，チョキ，パーを，それぞれ㋖，㋠，㋫と表して，樹形図をかきなさい。

(2) Aが1人だけ勝つ確率を求めなさい。

(3) 3人があいこになる確率を求めなさい。

3 樹形図と確率　2，4，6，8の数字を1つずつ記入した4枚のカードがあります。このカードをよくきってから1枚引き，十の位の数とします。次に，引いたカードをもとに戻さずにもう1枚引き，一の位の数として，2桁(けた)の整数をつくります。

(1) できる整数が3の倍数になる確率を求めなさい。

(2) できる整数が64以上になる確率を求めなさい。

1 (2) 赤玉と白玉が合わせて何個あるか考える。
3 樹形図をかいて，起こりうる場合をすべてあげてみる。

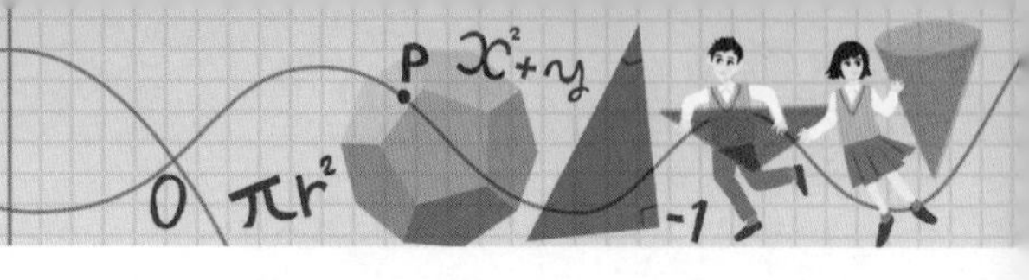

1節 確率

テストに出る！ 教科書のココが要点

さらっとまとめ（赤シートを使って，□に入るものを考えよう。）

1 いろいろな確率 教 p.189〜p.195

・順番が関係ないことがらの確率を，樹形図を用いて考えるときは，［同じ組み合わせ］を消して考える。

例　A，B，Cの3人の中から，2人の当番を選ぶときの樹形図を考えると，下の①のようになる。このとき，たとえばAとB，BとAの当番の構成は同じであるので，同じものを消して樹形図を整理すると，下の②のように［3］通りになる。

①　A＜B, C　　B＜A×, C　　C＜A×, B×（AーB と BーA が「同じ」）　➡　②　A＜B, ［C］　　［B］ーC

・ことがらAの起こらない確率　(Aの起こらない確率)＝1−(［Aの起こる確率］)

例　1個のさいころを投げるとき，1の目の出ない確率は，$1-\frac{1}{6}=\boxed{\frac{5}{6}}$

スピード確認（□に入るものを答えよう。答えは，下にあります。）

1

□ 大小2つのさいころを投げるとき，出る目の数の和が7になる確率を考える。右の表より，出る目の数の和が7になる場合は［①］通りあるので，確率は，

$\frac{①}{36}=\frac{②}{6}$

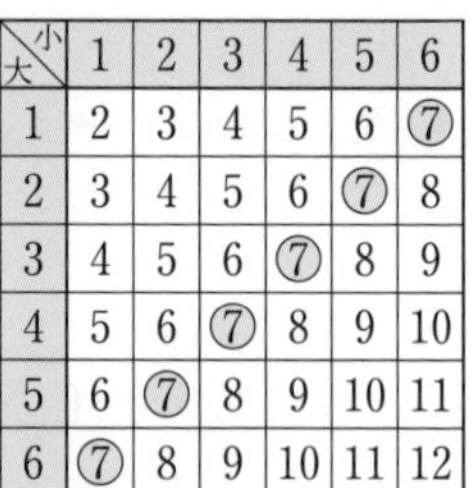

大＼小	1	2	3	4	5	6
1	2	3	4	5	6	⑦
2	3	4	5	6	⑦	8
3	4	5	6	⑦	8	9
4	5	6	⑦	8	9	10
5	6	⑦	8	9	10	11
6	⑦	8	9	10	11	12

□ 大小2つのさいころを投げるとき，出る目の数の和が7にならない確率は，

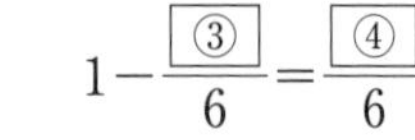

$1-\frac{③}{6}=\frac{④}{6}$

★(和が7にならない確率)＝1−(和が7になる確率)

□ 2枚の硬貨を投げるとき，少なくとも1枚は表が出る確率を考える。2枚とも裏になる確率は，

表＜表, 裏　　裏＜表, 裏

$\frac{⑤}{4}$ だから，少なくとも1枚は表が出る確率は，

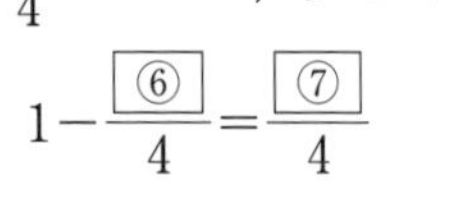

$1-\frac{⑥}{4}=\frac{⑦}{4}$

★(少なくとも1枚は表が出る確率)＝1−(2枚とも裏が出る確率)

①＿＿＿＿
②＿＿＿＿
③＿＿＿＿
④＿＿＿＿
⑤＿＿＿＿
⑥＿＿＿＿
⑦＿＿＿＿

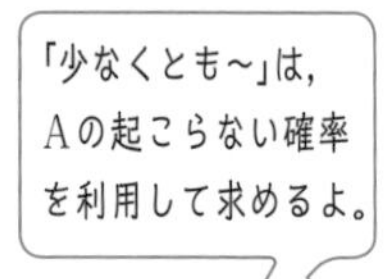

解答 p.14

基礎力UP テスト対策問題

1 いろいろな確率　箱の中に，1，2，3の3枚のカードが入っています。この箱から2枚のカードを続けて取り出し，取り出した順に左から並べて2桁の整数をつくります。

(1) 起こりうるすべての場合が何通りあるか，樹形図をかいて求めなさい。

(2) その整数が3の倍数になる確率を求めなさい。

2 いろいろな確率　2個のさいころを同時に投げるとき，出る目の数の和について，次の問いに答えなさい。

(1) 右の表は，2個のさいころを，A，Bで表し，出る目の数の和を調べたものです。空らんをうめなさい。

A＼B	1	2	3	4	5	6
1	2	3				
2	3					
3						
4						
5						
6						

(2) 出る目の数の和が8になる確率を求めなさい。

(3) 出る目の数の和が4の倍数になる確率を求めなさい。

3 起こらない確率　1個のさいころを投げるとき，次の確率を求めなさい。

(1) 偶数の目が出る確率　　(2) 偶数の目が出ない確率

(3) 4以下の目が出る確率　　(4) 4以下の目が出ない確率

テスト対策ナビ

ポイント

数えもれがないように，樹形図をかく。

1＜2　　2＜

＜

2 (2) 8になる場合が，何通りあるか，表から求める。

4の倍数になるのは，4，8，12のときがあるね。

絶対に覚える!

(ことがらAの起こらない確率)=1−(Aの起こる確率)

テストに出る！

予想問題 ① 6章 確率 1節 確率

⏱20分 ／8問中

1 よく出る カードの問題　1, 2, 3, 4, 5 の数字を 1 つずつ書いた 5 枚のカードがあります。この 5 枚をよくきって，1 枚ずつ 2 枚取り出し，取り出した順に左から並べて 2 桁の整数をつくります。このとき，次の確率を求めなさい。

⑴　その整数が 42 以上になる確率

⑵　その整数が 3 の倍数になる確率

⑶　その整数が 3 の倍数，または 4 の倍数になる確率

2 樹形図と確率　A，B の 2 人の男子と，C，D の 2 人の女子がいます。この中から，くじで班長と副班長を 1 人ずつ選びます。このとき，男子 1 人，女子 1 人が選ばれる確率を求めなさい。

3 いろいろな確率　右の表は，2 個のさいころ A，B を同時に投げるとき，出る目の数について，例えばさいころ A の目が 2，さいころ B の目が 3 の場合を (2, 3) と表し，起こりうるすべての場合を表にしたものです。

A＼B	1	2	3	4	5	6
1	(1, 1)	(1, 2)	(1, 3)	(1, 4)	(1, 5)	(1, 6)
2	(2, 1)	(2, 2)	(2, 3)	(2, 4)	(2, 5)	(2, 6)
3	(3, 1)	(3, 2)	(3, 3)	(3, 4)	(3, 5)	(3, 6)
4	(4, 1)	(4, 2)	(4, 3)	(4, 4)	(4, 5)	(4, 6)
5	(5, 1)	(5, 2)	(5, 3)	(5, 4)	(5, 5)	(5, 6)
6	(6, 1)	(6, 2)	(6, 3)	(6, 4)	(6, 5)	(6, 6)

⑴　目の出方は全部で何通りありますか。

⑵　目の数の積が 6 になる確率を求めなさい。

⑶　目の数の和が 10 になる確率を求めなさい。

⑷　2 個とも偶数の目が出る確率を求めなさい。

3 ⑵　積が 6 になるのは，(1, 6)，(2, 3)，(3, 2)，(6, 1) の 4 通りある。
⑶　和が 10 になるのは，(4, 6)，(5, 5)，(6, 4) の 3 通りある。

テストに出る！
予想問題 ②　6章 確率 1節 確率

🕒20分　/9問中

1 いろいろな確率　3，4，5，6，7，8 の数字を 1 つずつ書いた 6 枚のカードの入った箱があります。この箱から同時に 2 枚のカードを取り出します。

(1) 取り出すカードの組み合わせは，全部で何通りありますか。樹形図をかいて求めなさい。

(2) カードに書かれた数の和が 10 になる確率を求めなさい。

(3) カードに書かれた数が 1 枚は偶数，1 枚は奇数である確率を求めなさい。

2 よく出る　いろいろな確率　テニス部員の A，B，C，D，E の 5 人の中から，くじで 2 人を選んでダブルスのチームをつくります。このとき，チームの中に A がふくまれる確率を求めなさい。

3 起こらない確率　袋の中に，赤玉が 1 個，白玉が 1 個入っています。この袋から 1 個の玉を取り出し，色を調べて袋の中に戻してから，もう一度 1 個の玉を取り出すとき，少なくとも 1 個は白玉を取り出す確率を求めなさい。

4 よく出る　くじ引きの順番と当たる確率の関係　5 本のうち当たりが 2 本入っているくじがあります。A，B の 2 人が，この順に 1 本ずつくじを引きます。

(1) くじの引き方は，全部で何通りありますか。当たりくじに1，2，はずれくじに③，④，⑤の番号をつけ，A，B のくじの引き方を樹形図に表して調べなさい。

(2) 次の確率を求めなさい。

① 先に引いた A が当たる確率　　② あとに引いた B が当たる確率

(3) くじを先に引くのと，あとに引くのとで，どちらが当たりやすいですか。

3 「少なくとも 1 個は白玉」とは，「2 個とも赤玉」とはならない場合のことである。
4 (3) (2)で求めた確率を比べる。

テストに出る!

章末予想問題 6章 確率

30分

/100点

1 次の文章は，さいころの目の出方について説明したものです。㋐〜㋓のうち，正しいものを選びなさい。〔8点〕

㋐ さいころを6回投げるとき，1回は必ず3の目が出る。

㋑ さいころを1回投げるとき，偶数の目が出る確率と奇数の目が出る確率は同じである。

㋒ さいころを1回投げるとき，1の目のほうが6の目よりも出やすい。

㋓ さいころを1回投げて6の目が出たら，次にこのさいころを投げるときは，6の目が出る確率は $\frac{1}{6}$ より小さくなる。

2 A，B，Cの3人の男子と，D，E，F，Gの4人の女子がいます。この7人の中からくじで1人の委員を選ぶとき，次の㋐，㋑ではどちらが起こりやすいといえますか。〔8点〕

㋐ 男子が委員に選ばれる　　㋑ 女子が委員に選ばれる

3 右の5枚のカードの中から2枚のカードを続けて引き，先に引いたほうを十の位の数，あとから引いたほうを一の位の数とする2桁の整数をつくります。9点×3〔27点〕

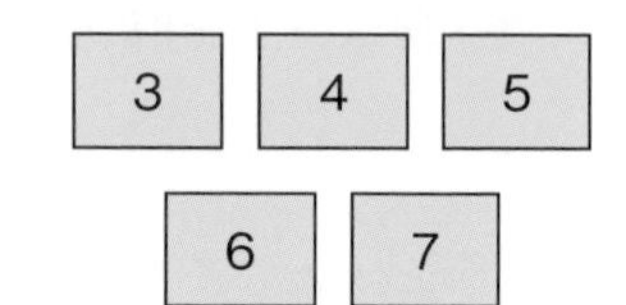

(1) 2桁の整数は何通りできますか。

(2) その整数が偶数になる確率を求めなさい。

(3) その整数が5の倍数になる確率を求めなさい。

解答 p.15

満点ゲット作戦

確率は樹形図や表をかいて，数えもれがないようにしよう。
2つ選んだ(A，B)，(B，A)などは，区別するかどうかを考えよう。

ココが要点を再確認　もう一歩　合格
0　70　85　100点

4 A，Bの2人の男子と，C，Dの2人の女子がいます。この中から，くじで班長と副班長を1人ずつ選びます。　9点×3〔27点〕

(1) 選び方は全部で何通りありますか。

(2) 男子1人，女子1人が選ばれる確率を求めなさい。

(3) Aが班長，Cが副班長に選ばれる確率を求めなさい。

5 差がつく　2つのさいころA，Bを同時に投げるとき，さいころAの出た目をa，さいころBの出た目をbとします。　10点×3〔30点〕

(1) $ab=20$ になる確率を求めなさい。

(2) $a-b=2$ になる確率を求めなさい。

(3) $\frac{a}{b}$ が整数になる確率を求めなさい。

1			
2			
3	(1)	(2)	(3)
4	(1)	(2)	(3)
5	(1)	(2)	(3)

1	/8点	2	/8点	3	/27点	4	/27点	5	/30点

教科書 p.204～p.215

7章 データの分析

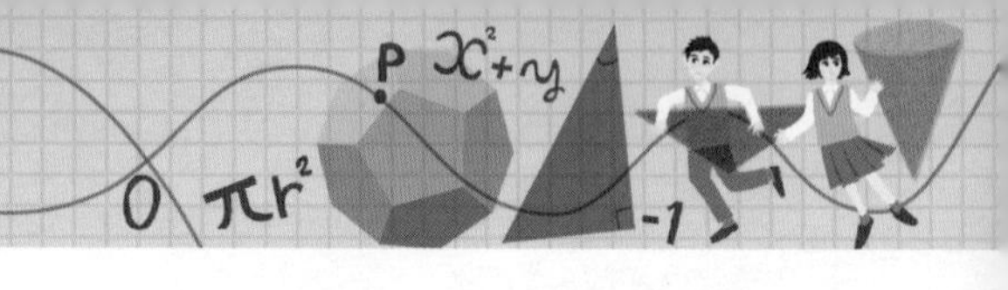

1節 データの散らばり　2節 データの活用

テストに出る！ 教科書のココが要点

さらっとまとめ (赤シートを使って，□に入るものを考えよう。)

1 四分位数と四分位範囲 教 p.204～p.208

・データを小さい順に並べて 4 等分したときの，3 つの区切りの値を 四分位数 という。

・四分位数を小さいほうから順に，第 1 四分位数，第 2 四分位数 (中央値)，第 3 四分位数 という。

例 データの個数が偶数のとき

第 1 四分位数　第 2 四分位数　第 3 四分位数

例 データの個数が奇数のとき

第 1 四分位数　第 2 四分位数　第 3 四分位数

・第 3 四分位数から第 1 四分位数をひいた値を，四分位範囲 という。

2 箱ひげ図 教 p.209～p.212

・四分位数と最小値，最大値を 1 つの図に表したものを，箱ひげ図 という。複数のデータの分布を比較するときに用いることがある。

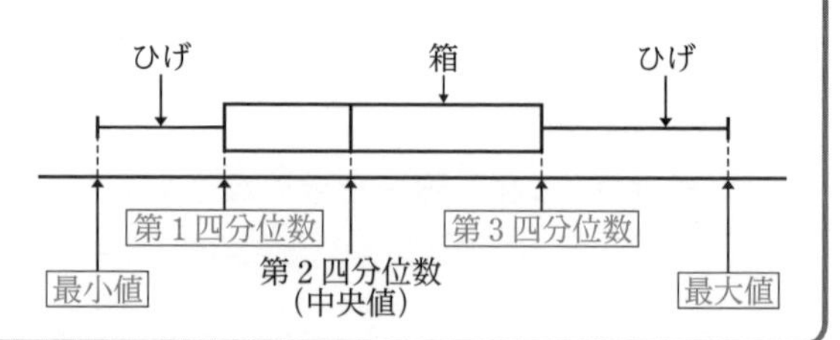

スピード確認 (□に入るものを答えよう。答えは，下にあります。)

1

□ 小さい順に並べたデータが 9 個ある。

(1) 第 2 四分位数は ① 番目の値である。

(2) 第 1 四分位数は ② 番目と ③ 番目の平均値である。

★前半部分の中央値なので，前半部分が偶数個のときは，中央 2 個のデータの平均値となる。

(3) 第 3 四分位数は ④ 番目と ⑤ 番目の平均値である。

□ (四分位範囲)＝(第 ⑥ 四分位数)－(第 ⑦ 四分位数)

□ 箱ひげ図で，箱にふくまれるのは，そのデータの第 ⑧ 四分位数から第 ⑨ 四分位数までの値である。

□ 箱ひげ図では，ヒストグラムではわかりにくい ⑩ 値を基準とした散らばりのようすがとらえやすい。

①
②
③
④
⑤
⑥
⑦
⑧
⑨
⑩

答 ①5　②2　③3　④7　⑤8　⑥3　⑦1　⑧1　⑨3　⑩中央

解答 p.16

基礎力UP テスト対策問題

1 四分位範囲と箱ひげ図　次のデータは，14 人の生徒の通学時間を調べ，短いほうから順に整理したものです。このデータについて，次の問いに答えなさい。

(単位：分)

6	7	8	10	10	12	13	15	15	15	18	20	23	28

(1)　四分位数をすべて求めなさい。

(2)　四分位範囲を求めなさい。

(3)　箱ひげ図をかきなさい。

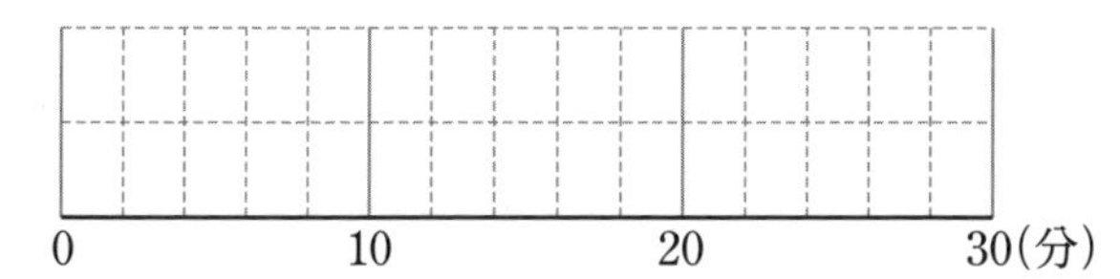

2 四分位範囲と箱ひげ図　下の図は，1 組と 2 組のそれぞれ 27 人が，50 点満点のテストを受けたときの得点の分布のようすを箱ひげ図に表したものです。この図から読みとれることとして，㋐〜㋓のそれぞれについて，正しいものには○，正しくないものには×，この図からはわからないものには△をつけなさい。

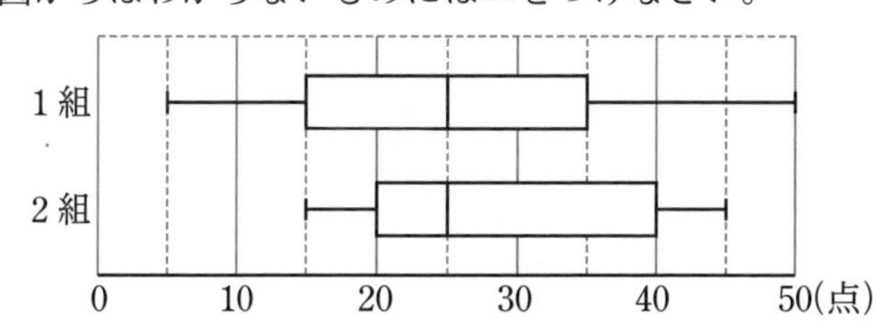

㋐　どちらの組も，データの範囲は等しい。

㋑　どちらの組も，平均点は等しい。

㋒　どちらの組にも，得点が 15 点の生徒が必ずいる。

㋓　得点が 40 点以上の生徒の人数は，2 組のほうが多い。

テスト対策ナビ

ポイント

第 1 四分位数は，前半部分の中央値で，第 3 四分位数は，後半部分の中央値と考えるとわかりやすい。

1 (3)　箱ひげ図は，最小値，3 つの四分位数，最大値を，順にかいていく。

中央値と平均値のちがいに気をつけよう。

テストに出る！

章末予想問題　7章 データの分析

15分　/100点

1 次のヒストグラムは，㋐～㋒の箱ひげ図のいずれかに対応しています。その箱ひげ図を記号で答えなさい。　20点×3〔60点〕

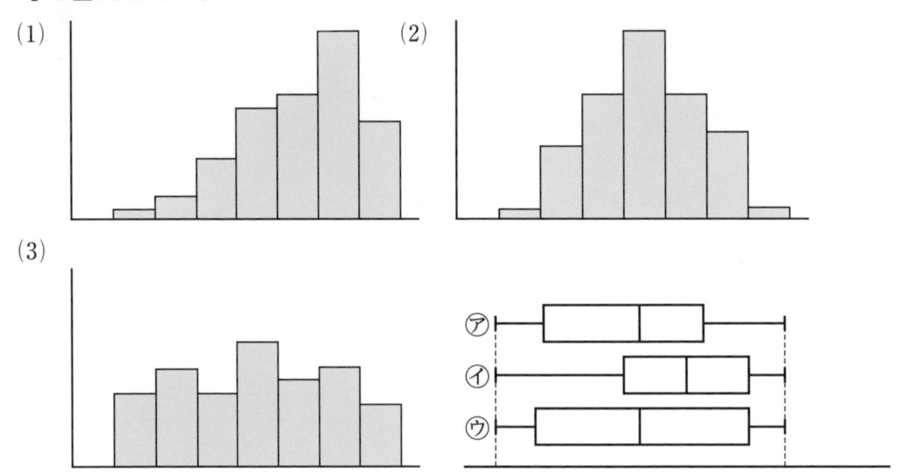

2 差がつく 下の図は，バスケットボールチームのメンバーであるAさん，Bさん，Cさんの，1試合ごとの得点の分布のようすを，箱ひげ図に表したものです。このとき，箱ひげ図から読みとれることとして正しくないものをいいなさい。　〔40点〕

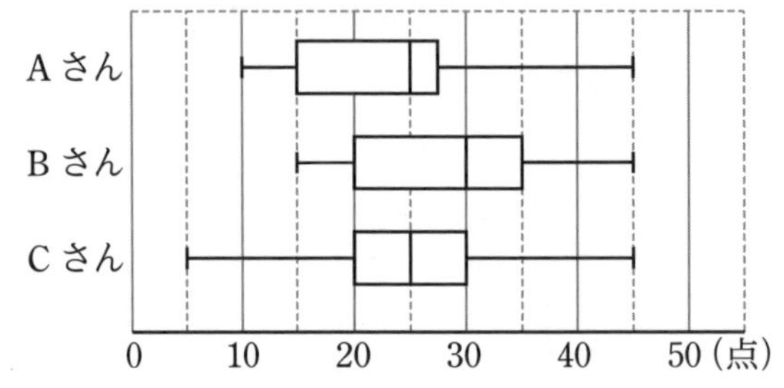

㋐ いずれの人も，1試合で45点をあげたことがある。
㋑ いずれの人も，半分以上の試合で25点以上あげている。
㋒ 四分位範囲がもっとも小さいのは，Bさんである。
㋓ AさんとCさんのデータの中央値は等しい。

1	(1)	(2)	(3)
2			

1	/60点	2	/40点

中間・期末の攻略本

解答と解説

取りはずして使えます!

教育出版版　数学2年

1章　式の計算

p.3 テスト対策問題

1 (1) 係数…-5　次数…3

(2) 項…$4x$, $-3y^2$, 5　次数…2

2 (1) $3x+10y$　(2) $8x-7y$

(3) $2x-3y$　(4) $10x-15y+30$

(5) $10x-2y$　(6) $3x-2y-5$

3 (1) $12xy$　(2) $-12abc$

(3) $32x^2y^2$　(4) $9x$

(5) $-2b$　(6) $-3ab$

解説

1 (2) 多項式の次数は，多項式の各項の次数のうちで最も大きいものだから，

$4x+(-3y^2)+5$ より，次数は2
次数1　次数2　定数項

2 (2) $(7x+2y)+(x-9y)$
$=7x+2y+x-9y=8x-7y$

(3) $(5x-7y)-(3x-4y)$
$=5x-7y-3x+4y=2x-3y$

(5) $4(2x+y)+2(x-3y)$
$=8x+4y+2x-6y=10x-2y$

(6) $(-9x+6y+15)\div(-3)$
$=(-9x+6y+15)\times\left(-\frac{1}{3}\right)$
$=-9x\times\left(-\frac{1}{3}\right)+6y\times\left(-\frac{1}{3}\right)+15\times\left(-\frac{1}{3}\right)$
$=3x-2y-5$

3 (3) $-8x^2\times(-4y^2)$
$=(-8)\times(-4)\times x\times x\times y\times y=32x^2y^2$

(6) $(-9ab^2)\div 3b$
$=-\frac{9ab^2}{3b}=-\frac{\overset{3}{\cancel{9}}\times a\times \overset{1}{\cancel{b}}\times b}{\underset{1}{\cancel{3}}\times \underset{1}{\cancel{b}}}=-3ab$

p.4 予想問題 ❶

1 (1) 単項式…㋐, ㋒　多項式…㋑, ㋓

(2) ㋒, ㋓

2 (1) $4x^2-2x$　(2) $7ab$

(3) $7a-4b$　(4) $-3a+1$

(5) $4a-b$　(6) $4x-5y+5$

3 (1) $-12a+4b-8$　(2) $2x+y-5$

(3) $10x-23y$　(4) $-6m-14n$

(5) $-3x+5y$　(6) $-8a+6b-2$

解説

2 ポイント　$-(\ \ )$の形のかっこをはずすときは，各項の符号が変わるので注意する。

(4) $(a^2-4a+3)-(a^2+2-a)$
$=a^2-4a+3-a^2-2+a$
$=-3a+1$

(6) ひく式の各項の符号を変えて加えてもよい。

$$\begin{array}{rr} & 5x-2y-3 \\ -) & x+3y-8 \\ \hline \end{array} \Rightarrow \begin{array}{rr} & 5x-2y-3 \\ +) & -x-3y+8 \\ \hline & 4x-5y+5 \end{array}$$

3 ミス注意!　負の数をかけるときは，符号に注意する。

(2) $(-6x-3y+15)\times\left(-\frac{1}{3}\right)$
$=-6x\times\left(-\frac{1}{3}\right)-3y\times\left(-\frac{1}{3}\right)+15\times\left(-\frac{1}{3}\right)$
$=2x+y-5$

p.5 予想問題 ❷

1 (1) $\frac{13x+5y}{12}$　(2) $\frac{2a-b}{10}$

(3) $\frac{-4a-7b}{6}$　(4) $\frac{4x-5y}{7}$

2 (1) $6x^2y$　(2) $-3mn$

(3) $-5x^3$　(4) $-2ab^2$

3 (1) $4b$　(2) $\frac{ab^2}{5}$

(3) $-27y$　(4) $-\frac{2b}{a}$

4 (1) x^2y　(2) $2a^2b$

(3) $\frac{a^4}{3}$　(4) $-\frac{1}{x^2}$

解説

1 ポイント　通分してから，分子を計算する。

(2) $\frac{3a+b}{5}-\frac{4a+3b}{10}$

$=\frac{2(3a+b)-(4a+3b)}{10}$

$=\frac{6a+2b-4a-3b}{10}=\frac{2a-b}{10}$

(4) $x-y-\frac{3x-2y}{7}=\frac{7(x-y)-(3x-2y)}{7}$

$=\frac{7x-7y-3x+2y}{7}=\frac{4x-5y}{7}$

2 ミス注意！　$(-b)^2$ と $-b^2$ の違いに注意！

(4) $-2a\times(-b)^2$

$=-2a\times(-b)\times(-b)=-2ab^2$

3 ポイント　除法は，乗法に直して計算する。わる式の逆数をかければよい。

(3) $\frac{1}{3}xy$ の逆数は，$3xy$ ではない。

$\frac{1}{3}xy=\frac{xy}{3}$ だから，逆数は $\frac{3}{xy}$

$(-9xy^2)\div\frac{1}{3}xy=(-9xy^2)\times\frac{3}{xy}$

$=-\frac{9\times x\times y\times y\times 3}{x\times y}=-27y$

(4) $\left(-\frac{ab^2}{2}\right)\div\frac{1}{4}a^2b=\left(-\frac{ab^2}{2}\right)\times\frac{4}{a^2b}$

$=-\frac{a\times b\times b\times 4}{2\times a\times a\times b}=-\frac{2b}{a}$

4 (2) $ab\div 2b^2\times 4ab^2$

$=\frac{ab\times 4ab^2}{2b^2}=\frac{a\times b\times 4\times a\times b\times b}{2\times b\times b}=2a^2b$

(4) $(-12x)\div(-2x)^2\div 3x$

$=(-12x)\div 4x^2\div 3x=-\frac{12x}{4x^2\times 3x}$

$=-\frac{12\times x}{4\times x\times x\times 3\times x}=-\frac{1}{x^2}$

p.7 テスト対策問題

1 (1) 11　(2) 24

2 $11x+11y$

3 (1) ㋑，㋒　(2) ㋕，㋖

4 (1) $x=2y-3$　(2) $x=2y+6$

(3) $x=-2y+4$　(4) $y=\frac{7x-11}{6}$

解説

1 ミス注意！　負の数を代入するときは，(　)をつけて代入する。

(1) $2(a+2b)-(3a+b)$

$=2a+4b-3a-b$

$=-a+3b$

$=-(-2)+3\times 3=11$

(2) $14ab^2\div 7ab\times(-2a)=-4ab$

$=-4\times(-2)\times 3=24$

2 $(10x+y)+(10y+x)$

$=10x+y+10y+x=11x+11y$

4 (3) $5x+10y=20$

$5x=-10y+20$

$x=-2y+4$

(4) $7x-6y=11$

$-6y=-7x+11$

$y=\frac{7x-11}{6}$

p.8 予想問題 ❶

1 (1) 29　(2) 60

2 m，n を整数とすると，偶数は $2m$，奇数は $2n+1$ と表すことができる。その 2 数の差は，

$2m-(2n+1)=2m-2n-1$

$=2(m-n)-1$

$m-n$ は整数だから，$2(m-n)-1$ は奇数である。したがって，偶数と奇数の差は奇数になる。

3 2 桁の自然数の十の位の数を x，一の位の数を y とすると，もとの自然数は $10x+y$，入れかえてできる数は $10y+x$ と表すことができる。

これら 2 つの数の差は，

$(10x+y)-(10y+x)=9x-9y$

$=9(x-y)$

$x-y$ は整数だから，$9(x-y)$ は 9 の倍数

である。したがって，2桁の自然数と，その数の十の位の数と一の位の数を入れかえてできる数との差は，9の倍数になる。

4 連続する5つの整数のうち，真ん中の整数をnとすると，連続する5つの整数は，

$n-2$，$n-1$，n，$n+1$，$n+2$

と表される。したがって，それらの和は，

$(n-2)+(n-1)+n+(n+1)+(n+2)$
$=5n$

nは整数だから，$5n$は5の倍数である。したがって，連続する5つの整数の和は，5の倍数になる。

解説

1 ポイント　式の値を求めるときは，式を簡単にしてから代入すると，求めやすくなる。

(1) $4(2x-3y)-5(2x-y)$
$=8x-12y-10x+5y=-2x-7y$
$=-2\times3-7\times(-5)=29$

(2) $8x^2y\div(-6xy)\times3y$
$=-4xy=-4\times3\times(-5)=60$

p.9 予想問題 ❷

1 ① 2　② 4　③ 6　④ 6　⑤ 6

2 mを整数として，連続する3つの奇数を，

$2m+1$，$2m+3$，$2m+5$

と表すと，それらの和は，

$(2m+1)+(2m+3)+(2m+5)$
$=6m+9=3(2m+3)$

$2m+3$は整数だから，$3(2m+3)$は3の倍数である。したがって，連続する3つの奇数の和は3の倍数になる。

3 (1) $y=\dfrac{-5x+4}{3}$　(2) $a=\dfrac{3b+12}{4}$

(3) $y=\dfrac{3}{2x}$　(4) $x=-12y+3$

(5) $b=\dfrac{3a-9}{5}$　(6) $y=\dfrac{c-b}{a}$

解説

3 (3)
$\dfrac{1}{3}xy=\dfrac{1}{2}$
　両辺に3をかける
$xy=\dfrac{3}{2}$
　両辺をxでわる
$y=\dfrac{3}{2x}$

(6)
$c=ay+b$
　左辺と右辺を入れかえる
$ay+b=c$
　bを移項する
$ay=c-b$
　両辺をaでわる
$y=\dfrac{c-b}{a}$

p.10～p.11 章末予想問題

1 (1) 項…$2x^2$，$3xy$，9　2次式

(2) 項…$-2a^2b$，$\dfrac{1}{3}ab^2$，$-4a$　3次式

2 (1) $5x^2-x$　(2) $14a-19b$

(3) $6ab-3a^2$　(4) $-6x^2+4y$

(5) $\dfrac{5a-2b}{12}$　(6) x^3y^2

(7) $-6b$　(8) $-3xy^3$

3 (1) 3　(2) -10　(3) 8

4 イ

5 (1) $y=\dfrac{-3x+7}{2}$　(2) $a=\dfrac{V}{bc}$

(3) $x=\dfrac{y+3}{4}$　(4) $b=2a-c$

(5) $h=\dfrac{3V}{\pi r^2}$　(6) $a=\dfrac{2S}{h}-b$

解説

2 (5) $\dfrac{3a-2b}{4}-\dfrac{a-b}{3}$
$=\dfrac{3(3a-2b)-4(a-b)}{12}$
$=\dfrac{9a-6b-4a+4b}{12}=\dfrac{5a-2b}{12}$

(8) $4xy^2\div(-12x^2y)\times(-3xy)^2$
$=4xy^2\div(-12x^2y)\times9x^2y^2$
$=-\dfrac{4xy^2\times9x^2y^2}{12x^2y}=-3xy^3$

3 (1) $(3x+2y)-(x-y)=3x+2y-x+y$
$=2x+3y$
$=2\times2+3\times\left(-\dfrac{1}{3}\right)=3$

(3) $18x^3y\div(-6xy)\times2y=-\dfrac{18x^3y\times2y}{6xy}$
$=-6x^2y$
$=-6\times2^2\times\left(-\dfrac{1}{3}\right)=8$

4 ア　$9\pi a^2\times4a=36\pi a^3$ (cm³)
イ　$16\pi a^2\times3a=48\pi a^3$ (cm³)

2章　連立方程式

p.13 テスト対策問題

1 ㋑

2 (1) $x=2,\ y=-3$　(2) $x=1,\ y=3$
(3) $x=1,\ y=2$　(4) $x=3,\ y=2$

3 (1) $x=2,\ y=8$　(2) $x=3,\ y=7$
(3) $x=7,\ y=3$　(4) $x=-5,\ y=-4$

4 (1) $x=1,\ y=-1$　(2) $x=-2,\ y=5$
(3) $x=-4,\ y=2$　(4) $x=1,\ y=2$

解説

1 $x=-1,\ y=3$ を，2つの式に代入して，どちらも成り立つかどうか調べる。

2 上の式を①，下の式を②とする。

(3)
$$\begin{array}{lrr} ① & 3x+\ 2y= & 7 \\ ②\times3 & -)\ 3x+15y= & 33 \\ \hline & -13y= & -26 \\ & y=2 & \end{array}$$

$y=2$ を①に代入すると，$3x+4=7$
$3x=3$
$x=1$

(4)
$$\begin{array}{lrr} ①\times5 & 20x+15y= & 90 \\ ②\times4 & +)\ -20x+28y= & -4 \\ \hline & 43y= & 86 \\ & y=2 & \end{array}$$

$y=2$ を①に代入すると，$4x+6=18$
$4x=12$
$x=3$

3 上の式を①，下の式を②とする。

(3) ②を①に代入すると，
$4(3y-2)-5y=13$　　$y=3$
$y=3$ を②に代入すると，
$x=9-2$　　$x=7$

(4) ①を②に代入すると，
$3x-2(x+1)=-7$　　$x=-5$
$x=-5$ を①に代入すると，
$y=-5+1$　$y=-4$

4 上の式を①，下の式を②とする。

(1) かっこをはずし，整理してから解く。
②より，$4x+3y=1$　……③
①－③×2 より，$y=-1$
$y=-1$ を①に代入すると，$x=1$

(2) ②の両辺に10をかけて分母をはらうと，
$5x-2y=-20$　……③
①＋③ より，$x=-2$
$x=-2$ を①に代入すると，$y=5$

(3) ②の両辺を10倍して係数を整数にすると，
$3x+7y=2$　……③
①×3－③×2 より，$y=2$
$y=2$ を①に代入すると，$x=-4$

(4) **ポイント** $A=B=C$ の形をした方程式は，
$\begin{cases} A=B \\ B=C \end{cases}$　$\begin{cases} A=B \\ A=C \end{cases}$　$\begin{cases} A=C \\ B=C \end{cases}$
のどれかの組み合わせをつくって解く。
$\begin{cases} 3x+2y=7 & ……① \\ 5x+y=7 & ……② \end{cases}$
②より，$y=-5x+7$　……③
③を①に代入すると，$x=1$
$x=1$ を③に代入すると，$y=2$

p.14 予想問題 ❶

1 (1) $x=4,\ y=3$　(2) $x=-2,\ y=4$
(3) $x=-2,\ y=2$　(4) $x=-5,\ y=-6$

2 (1) $x=2,\ y=4$　(2) $x=3,\ y=-4$
(3) $x=6,\ y=7$　(4) $x=2,\ y=-1$
(5) $x=2,\ y=-3$　(6) $x=6,\ y=-3$
(7) $x=5,\ y=-2$　(8) $x=2,\ y=-5$

解説

1 上の式を①，下の式を②とする。

(1)
$$\begin{array}{lr} ①\times3 & 6x+9y=51 \\ ②\times2 & -)\ 6x+8y=48 \\ \hline & y=\ 3 \end{array}$$

$y=3$ を①に代入すると，$x=4$

(4) ①を②に代入すると，
$(4y-1)-3y=-7$　　$y=-6$
$y=-6$ を①に代入すると，$x=-5$

2 上の式を①，下の式を②とする。

(1) かっこをはずし，整理してから解く。
②より，$-2x+3y=8$　……③
①×3＋③ より，$x=2$
$x=2$ を①に代入すると，$y=4$

(4) ①の両辺に4をかけて分母をはらうと，
$3x-2y=8$　……③
②×2＋③ より，$x=2$
$x=2$ を②に代入すると，$y=-1$

(7) ①の両辺を10倍して係数を整数にすると，

$12x+5y=50$ ……③

②×4−③ より，$y=-2$

$y=-2$ を②に代入すると，$x=5$

p.15 予想問題 ❷

1 (1) $x=10$, $y=-5$ (2) $x=2$, $y=1$

2 (1) $a=1$, $b=3$ (2) $a=5$, $b=4$

(3) $a=4$, $b=3$

3 (1) $x=1$, $y=4$, $z=3$

(2) $x=-4$, $y=3$, $z=-5$

解説

1 (1) $\begin{cases} 2x+3y=5 & \cdots\cdots① \\ -x-3y=5 & \cdots\cdots② \end{cases}$

①+② より，$x=10$

$x=10$ を①に代入すると，$y=-5$

2 (1) 連立方程式に $x=3$, $y=2$ を代入すると，

$\begin{cases} 6+2a=8 & \cdots\cdots① \\ 3b-2=7 & \cdots\cdots② \end{cases}$

①より，$a=1$

②より，$b=3$

(2) 連立方程式に $x=2$, $y=3$ を代入すると，

$\begin{cases} 2a-6=4 & \cdots\cdots① \\ 2b-3a=-7 & \cdots\cdots② \end{cases}$

①より，$a=5$

$a=5$ を②に代入すると，$b=4$

(3) 連立方程式に $x=2$, $y=-4$ を代入すると，

$\begin{cases} 2a+4b=20 & \cdots\cdots① \\ 4a+2b=22 & \cdots\cdots② \end{cases}$

①−②÷2 より，$b=3$

$b=3$ を①に代入すると，$a=4$

3 上の式から順に，①，②，③とする。

(1) ③を①に代入すると，$4x+y=8$ ……④

③を②に代入すると，$6x+2y=14$ ……⑤

④×2−⑤ より，$x=1$

$x=1$ を③に代入すると，$z=3$

$x=1$ を④に代入すると，$y=4$

(2) ①+② より，$3x+3y=-3$ ……④

②+③ より，$3x-2y=-18$ ……⑤

④−⑤ より，$y=3$

$y=3$ を④に代入すると，$x=-4$

$x=-4$, $y=3$ を①に代入すると，$z=-5$

p.17 テスト対策問題

1 (1) ㋐ $100x$ ㋑ $120y$ ㋒ 1100

(2) パン…5 個，おにぎり…5 個

2 (1) ㋐ $\dfrac{x}{50}$ ㋑ $\dfrac{y}{100}$

(2) $\begin{cases} x+y=1000 \\ \dfrac{x}{50}+\dfrac{y}{100}=14 \end{cases}$

歩いた道のり…400 m

走った道のり…600 m

解説

1 (2) (1)の表より連立方程式をつくると，

$\begin{cases} x+y=10 & \cdots\cdots① \\ 100x+120y=1100 & \cdots\cdots② \end{cases}$

①×100−② より，$y=5$

$y=5$ を①に代入すると，$x=5$

2 (2) 上の式を①，下の式を②とすると，

①−②×100 より，$x=400$

$x=400$ を①に代入すると，$y=600$

p.18 予想問題 ❶

1 500 円硬貨…10 枚，100 円硬貨…12 枚

2 鉛筆 1 本…80 円，ノート 1 冊…120 円

3 (1) ㋐ $\dfrac{x}{60}$ ㋑ $\dfrac{y}{120}$

(2) $\begin{cases} x+y=1500 \\ \dfrac{x}{60}+\dfrac{y}{120}=20 \end{cases}$

歩いた道のり…900 m

走った道のり…600 m

(3) 歩いた時間を x 分，走った時間を y 分とすると，

$\begin{cases} x+y=20 \\ 60x+120y=1500 \end{cases}$

歩いた道のり…900 m

走った道のり…600 m

解説

1 500 円硬貨を x 枚，100 円硬貨を y 枚とすると，

$\begin{cases} x+y=22 \\ 500x+100y=6200 \end{cases}$

2 鉛筆 1 本の値段を x 円，ノート 1 冊の値段を y 円とすると，

$\begin{cases} 3x+5y=840 \\ 6x+7y=1320 \end{cases}$

3 (2) (1)の表より，$\begin{cases} x+y=1500 \\ \dfrac{x}{60}+\dfrac{y}{120}=20 \end{cases}$

家から学校までの道のりの関係と，かかった時間の関係を使って，連立方程式をつくる。

(3) 連立方程式を解くと，$x=15$，$y=5$
求めるのは，それぞれの道のりだから，
歩いた道のりは，$60\times15=900$ (m)
走った道のりは，$120\times5=600$ (m) となる。

ミス注意！ 連立方程式の解がそのまま問題の答えにならないときもあるので注意する。

p.19 予想問題 ❷

1 **自転車に乗った道のり…8 km**
歩いた道のり…6 km

2 (1) ㋐ $\dfrac{7}{100}x$ ㋑ $\dfrac{4}{100}y$

(2) $\begin{cases} x+y=425 \\ \dfrac{7}{100}x+\dfrac{4}{100}y=23 \end{cases}$

昨年の男子の生徒数…200 人
昨年の女子の生徒数…225 人

3 **ケーキ…50 個**
ドーナツ…100 個

4 **7％ の食塩水…250 g**
15％ の食塩水…150 g

解説

1 自転車に乗った道のりを x km，歩いた道のりを y km とすると，

$\begin{cases} x+y=14 \\ \dfrac{x}{16}+\dfrac{y}{4}=2 \end{cases}$

2 (2) (1)の表より，$\begin{cases} x+y=425 \\ \dfrac{7}{100}x+\dfrac{4}{100}y=23 \end{cases}$

昨年の生徒数の関係と，増えた生徒数の関係を使って，連立方程式をつくる。

3 ケーキを x 個，ドーナツを y 個つくったとすると，

$\begin{cases} x+y=150 \\ \dfrac{6}{100}x+\dfrac{10}{100}y=13 \end{cases}$

4 7％ の食塩水を x g，15％ の食塩水を y g 混ぜ合わせたとすると，

$\begin{cases} x+y=400 \\ \dfrac{7}{100}x+\dfrac{15}{100}y=400\times\dfrac{10}{100} \end{cases}$

これを解いて，$x=250$，$y=150$

p.20～p.21 章末予想問題

1 ㋐

2 (1) $x=-1, y=-2$ (2) $x=4$，$y=3$
(3) $x=2$，$y=4$ (4) $x=7$，$y=-5$
(5) $x=-2, y=-4$ (6) $x=2$，$y=1$

3 $a=3$，$b=4$

4 **大人 1 人の入園料…1200 円**
中学生 1 人の入園料…1000 円

5 **A町からB町までの道のり…8 km**
B町からC町までの道のり…15 km

6 **今月集めた新聞の重さ…144 kg**
今月集めた雑誌の重さ…72 kg

解説

1 x，y の値の組を，2 つの式に代入して，どちらも成り立つかどうか調べる。

3 連立方程式に，x と y の値を代入すると，

$\begin{cases} 4a-5b=-8 & \cdots\cdots① \\ 4b+5a=31 & \cdots\cdots② \end{cases}$

これを，a，b についての連立方程式として解く。

4 大人 1 人の入園料を x 円，中学生 1 人の入園料を y 円とすると，

$\begin{cases} x=y+200 \\ 2x+5y=7400 \end{cases}$

5 A町からB町までの道のりを x km，B町からC町までの道のりを y km とすると，

$\begin{cases} x+y=23 \\ \dfrac{x}{4}+\dfrac{y}{5}=5 \end{cases}$

6 先月集めた新聞の重さを x kg，雑誌の重さを y kg とすると，

$\begin{cases} x+y=216-16 & \cdots\cdots① \\ \dfrac{120}{100}x+\dfrac{90}{100}y=216 & \cdots\cdots② \end{cases}$

②×100－①×90 より，$x=120$
$x=120$ を①に代入すると，$y=80$
今月集めた新聞の重さは，

$120\times\dfrac{120}{100}=144$ (kg)

今月集めた雑誌の重さは，

$80\times\dfrac{90}{100}=72$ (kg)

別解 ②の式は，$\dfrac{20}{100}x-\dfrac{10}{100}y=16$ でもよい。

3章　1次関数

p.23 テスト対策問題

1 (1) 変化の割合…6　yの増加量…18
(2) 変化の割合…-1　yの増加量…-3
(3) 変化の割合…$\frac{1}{2}$　yの増加量…$\frac{3}{2}$
(4) 変化の割合…$-\frac{1}{3}$　yの増加量…-1

2 (1) ㋐ 傾き…4　切片…-2
㋑ 傾き…-3　切片…1
㋒ 傾き…$-\frac{2}{3}$　切片…-2
㋓ 傾き…4　切片…3
(2) ㋑，㋒　(3) ㋐と㋓

3 (1) $y=-2x+2$　(2) $y=-x+4$
(3) $y=2x+3$

解説

1 1次関数 $y=ax+b$ では，変化の割合は一定で，aに等しい。また，
(yの増加量)$=a\times$(xの増加量)

2 (1) 1次関数 $y=ax+b$ のグラフは，傾きがa，切片がbの直線である。
(2) 右下がり → 傾きが負($a<0$)
(3) 平行な直線 → 傾きが等しい

3 (1) $y=-2x+b$ となる。
$x=-1$ のとき $y=4$ だから，
$4=-2\times(-1)+b$　$b=2$
(2) 切片が4だから，$y=ax+4$ となる。
$x=3$，$y=1$ を代入すると，
$1=a\times3+4$　$a=-1$
(3) 2点(1，5)，(3，9)を通るから，グラフの傾きは，
$\frac{9-5}{3-1}=\frac{4}{2}=2$
したがって，$y=2x+b$
これに，$x=1$，$y=5$ を代入すると，
$5=2\times1+b$　$b=3$
別解 $y=ax+b$ が2点(1，5)，(3，9)を通るので，
$\begin{cases}5=a+b\\9=3a+b\end{cases}$
これを解いて，$a=2$，$b=3$

p.24 予想問題 ❶

1 (1) 4 L　(2) $y=4x+2$

2 (1) 変化の割合…7　yの増加量…28
(2) 変化の割合…$\frac{1}{2}$　yの増加量…2

3 (1) 傾き…5　切片…-4
(2) 傾き…-2　切片…0

4 (1) 右の図
(2) ㋐ $-7<y\leqq8$
㋑ $-1\leqq y<9$
㋒ $-\frac{1}{3}<y\leqq3$

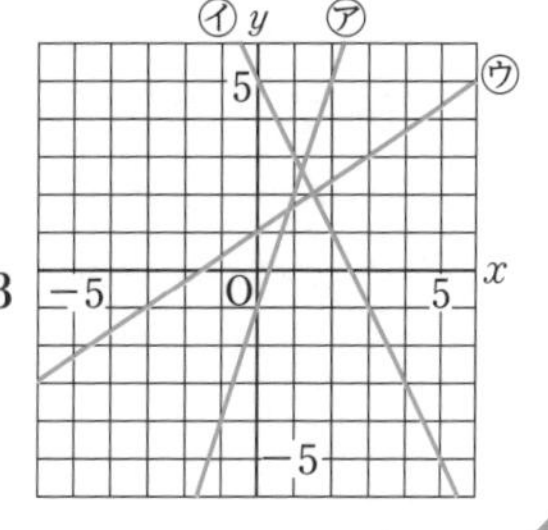

解説

2 (1) (yの増加量)$=7\times(6-2)=28$

3 (2) $y=-2x+0$ と考えると，$y=-2x$ の切片は0になる。

4 (1) ポイント 1次関数 $y=ax+b$ のグラフをかくには，切片bから，点(0，b)をとる。
傾きaから，(1，$b+a$)などの2点をとって，その2点を通る直線をひく。
ただし，a，bが分数の場合には，x座標，y座標が整数となる2点を見つけて，その2点を通る直線をひくとよい。
(2) yの変域を求めるためには，xの変域の両端の値 $x=-2$，$x=3$ に対応するyの値を求め，それらをyの変域の両端の値とする。
ミス注意！ 不等号 $<$，$\leqq$ の区別に注意する。

p.25 予想問題 ❷

1 (1) ㋐，㋒，㋓，㋕　(2) ㋑
(3) ㋐と㋒　(4) ㋐と㋕

2 (1) $y=-\frac{1}{3}x-3$　(2) $y=-\frac{5}{4}x+1$
(3) $y=\frac{3}{2}x-2$

3 (1) $y=2x+1$　(2) $y=3x-1$
(3) $y=\frac{2}{3}x+1$

解説

1 (1) 右上がりの直線 → 傾きが正
(2) $(-3，2)$を通る
→ $x=-3$，$y=2$ を代入して成り立つ

(3) 平行な直線 → 傾きが等しい

(4) y 軸上で交わる → 切片が等しい

2 どのグラフも切片はます目の交点上にあるので，ます目の交点にある点をもう１つ見つけ，傾きを考えていく。

3 (1) 傾きが２だから，$y=2x+b$ という式になる。$x=1$，$y=3$ を代入すると，

$3=2\times1+b$　　$b=1$

(2) 切片が -1 だから，$y=ax-1$ という式になる。$x=1$，$y=2$ を代入すると，

$2=a\times1-1$　　$a=3$

(3) ２点 $(-3,\ -1)$，$(6,\ 5)$ を通るから傾きは，

$$\frac{5-(-1)}{6-(-3)}=\frac{6}{9}=\frac{2}{3}$$

したがって，$y=\frac{2}{3}x+b$

$x=-3$，$y=-1$ を代入すると，

$-1=\frac{2}{3}\times(-3)+b$　　$b=1$

別解 $y=ax+b$ が２点 $(-3,\ -1)$，$(6,\ 5)$ を通るので，

$$\begin{cases}-1=-3a+b\\5=6a+b\end{cases}$$

これを解いて，$a=\frac{2}{3}$，$b=1$

p.27 テスト対策問題

1

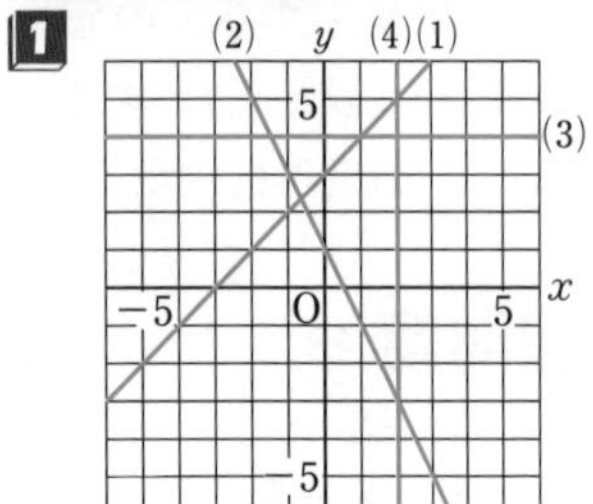

2 **グラフは右の図**

解は，

$x=2$，$y=4$

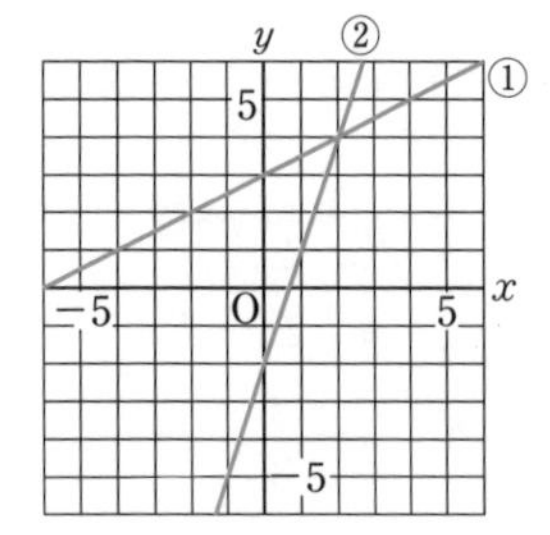

3 (1) ① **$y=-x-2$**　　② **$y=2x-3$**

(2) $\left(\frac{1}{3},\ -\frac{7}{3}\right)$

解説

1 $ax+by=c$ を y について解き，

$$y=-\frac{a}{b}x+\frac{c}{b}$$

という形にしてから，グラフをかくとよい。グラフは必ず直線になる。

また，$y=k$ のグラフは，点 $(0,\ k)$ を通り，x 軸に平行な直線となる。

また，$x=h$ のグラフは，点 $(h,\ 0)$ を通り，y 軸に平行な直線となる。

2
$$\begin{cases}x-2y=-6\rightarrow y=\frac{1}{2}x+3\\3x-y=2\rightarrow y=3x-2\end{cases}$$

２つのグラフの交点の座標を読みとる。

3 (2) グラフの交点の座標を読みとることはできないので，①と②の式を連立方程式とみて，それを解くことによって交点の座標を求める。

p.28 予想問題 ❶

1

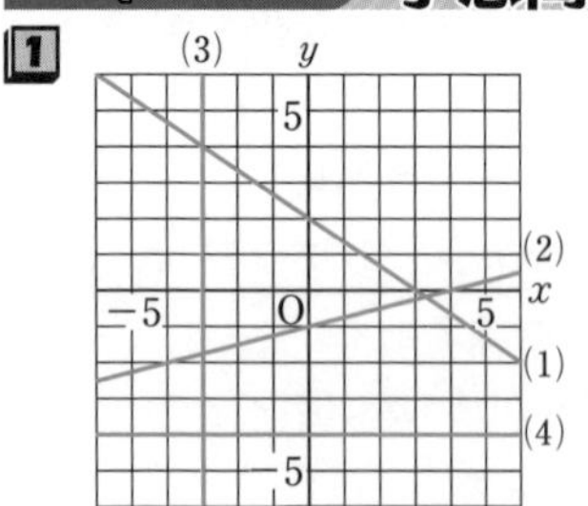

2 (1) ㋐　　(2) ㋒　　(3) ㋑

3 **グラフは右の図**

解は，

$x=-3$，$y=-4$

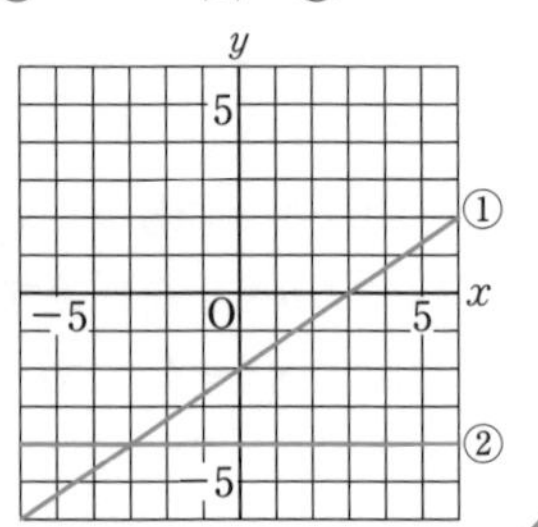

解説

2 上の式を①，下の式を②とする。

(1) ①より，$y=-3x+7$

②より，$y=-3x-1$

傾きが等しく，切片が異なるので，グラフは平行となり，交点がない。

(2) ①＋②×３より，$x=3$

$x=3$ を②に代入すると，$y=1$

２つのグラフの交点は，$(3,\ 1)$

(3) ①より，$y=2x-1$

②より，$y=2x-1$

2つのグラフは，重なって一致するので，解は無数にある。

p.29 予想問題 ❷

1 (1) **分速 400 m**　(2) **分速 100 m**

(3)

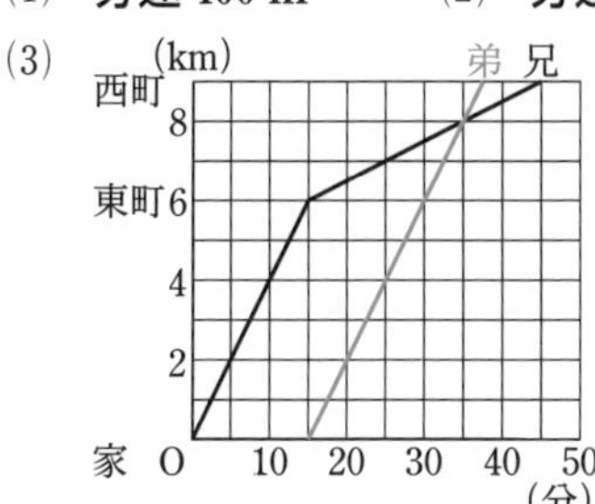

追い着く時刻…午前9時35分

2 (1) $y=2x$　(2) $y=10$

(3) $y=-2x+28$

(4)

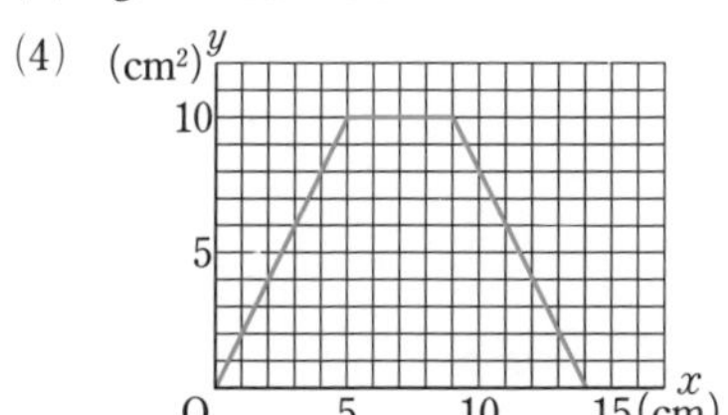

解説

1 (1) グラフから，10分間に4 km (4000 m) 進んでいるから，1分間に進む道のりは，

$4000\div10=400$ (m)

(2) グラフから，10分間に1 km (1000 m) 進んでいるから，1分間に進む道のりは，

$1000\div10=100$ (m)

(3) 分速400 mだから，10分間に4000 mすなわち4 km進む。このようすを表すグラフを図にかき入れ，グラフの交点を読みとって，弟が兄に追い着く時刻を求めればよい。

2 (1) $y=\frac{1}{2}\times4\times x$　$\leftarrow\frac{1}{2}\times$AB$\times$BP

$y=2x$

(2) $y=\frac{1}{2}\times4\times5$　$\leftarrow\frac{1}{2}\times$AB$\times$AD

$y=10$

(3) $y=\frac{1}{2}\times4\times(14-x)$　$\leftarrow\frac{1}{2}\times$AB$\times$AP

$y=-2x+28$

(4) xの変域に注意してグラフをかく。

$0\leqq x\leqq5$ のとき　$y=2x$

$5\leqq x\leqq9$ のとき　$y=10$

$9\leqq x\leqq14$ のとき　$y=-2x+28$

p.30〜p.31 章末予想問題

1 (1) **傾き…−2**　**切片…2**

(2) $-\frac{3}{2}\leqq x\leqq\frac{7}{2}$

2 (1) $y=-\frac{1}{2}x-1$　(2) $y=-3x+4$

(3) $y=\frac{4}{3}x-4$

3 (1) **(1, 3)**　(2) **(10, −6)**

4 (1) $y=6x+22$　(2) **12分後**

5 (1) $y=-12x+72$　(2) **6 km**

解説

1 (2) yの変域の両端の値に対応するxの値を求める。

$y=-5$ のとき，

$-5=-2x+2$　$x=\frac{7}{2}$

$y=5$ のとき，

$5=-2x+2$　$x=-\frac{3}{2}$

3 (1) 直線ℓは，切片が2で，点$(-2,\ 0)$を通るから，$y=x+2$

これに $x=1$ を代入すると，Aは$(1,\ 3)$

(2) 直線mは，2点$(1,\ 3)$，$(4,\ 0)$を通るから，$y=-x+4$　……①

直線nは，2点$(-2,\ 0)$，$(0,\ -1)$を通るから，$y=-\frac{1}{2}x-1$　……②

①，②を，連立方程式として解くと，

Bは$(10,\ -6)$

4 (1) 2点$(0,\ 22)$，$(4,\ 46)$を通る直線の式を求める。切片は22，傾きは，

$\frac{46-22}{4-0}=\frac{24}{4}=6$

したがって，$y=6x+22$

(2) (1)の式に $y=94$ を代入すると，

$94=6x+22$　$x=12$

5 (1) 変化の割合は -12 で，$x=6$ のとき $y=0$ だから，

$y=-12x+72$　……①

(2) 妹のようすは，右の直線ABで，

$y=4x-16$……②

①，②を連立方程式として解く。

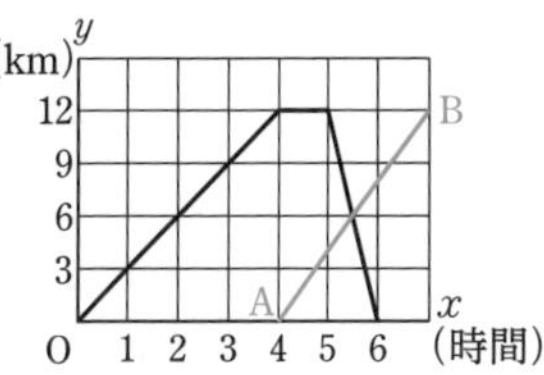

4章　平行と合同

p.33 テスト対策問題

1 (1) $\angle d$　(2) $\angle c$　(3) $\angle e$

(4) $\angle a=115°$　$\angle b=65°$　$\angle c=65°$
$\angle d=115°$　$\angle e=65°$　$\angle f=115°$

2 (1) 900°　(2) 135°　(3) 360°　(4) 30°

3 (1) 2本　(2) 3個　(3) 540°

解説

1 (4) 対頂角は等しいから，$\angle a=115°$
$\angle b=180°-115°=65°$
$\ell /\!/ m$ より，
$\angle c=\angle b$，$\angle d=\angle a$
対頂角は等しいから，
$\angle e=\angle c=65°$，$\angle f=\angle d=115°$

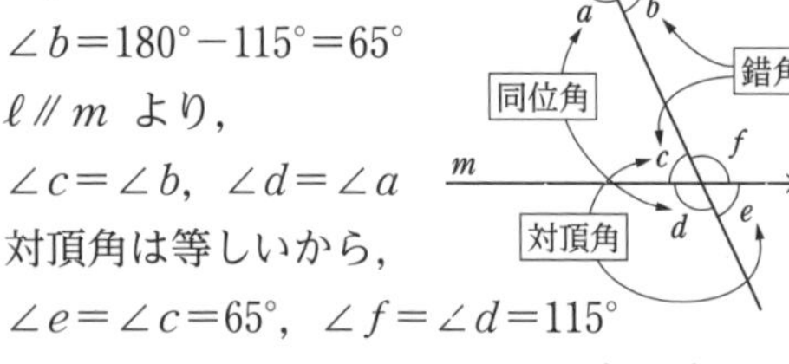

2 (1) 七角形の内角の和は，$180°\times(7-2)=900°$

(2) 正八角形の内角の和は，
$180°\times(8-2)=1080°$
正八角形の内角は，すべて等しいので，
$1080°\div 8=135°$

(3) 多角形の外角の和は 360°

(4) 正十二角形の外角はすべて等しいので，
$360°\div 12=30°$

p.34 予想問題 ❶

1 (1) $\angle c$

(2) $\angle a=40°$　$\angle b=80°$
$\angle c=40°$　$\angle d=60°$

2 (1) $\angle a$ の同位角…$\angle c$
$\angle a$ の錯角…$\angle e$

(2) $\angle b=60°$　$\angle c=120°$
$\angle d=60°$　$\angle e=120°$

3 (1) $a /\!/ d$，$b /\!/ c$

(2) $\angle x$ と $\angle v$，$\angle y$ と $\angle z$

4 (1) 35°　(2) 105°　(3) 70°

解説

1 (2) $\angle a=180°-(80°+60°)=40°$
対頂角は等しいから，
$\angle b=80°$　$\angle c=40°$　$\angle d=60°$

2 (2) $\ell /\!/ m$ より，同位角，錯角が等しいから，
$\angle c=\angle a=120°$　$\angle e=\angle a=120°$
$\angle b=\angle d=180°-120°=60°$

3 平行線の同位角や錯角の性質を使う。

4 (1) 55° の同位角を三角形の外角とみると，
$\angle x=55°-20°=35°$

(2) $\angle x$ を三角形の外角とみると，
$\angle x=55°+50°$
$=105°$

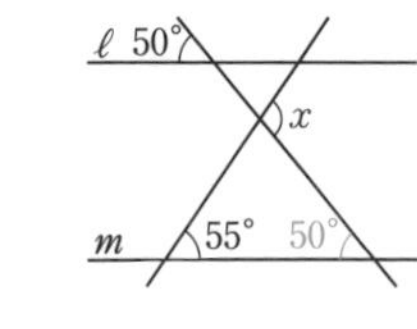

(3) 右の図のように，$\angle x$ の頂点を通り，ℓ，m に平行な直線をひくと，
$\angle x=40°+30°=70°$

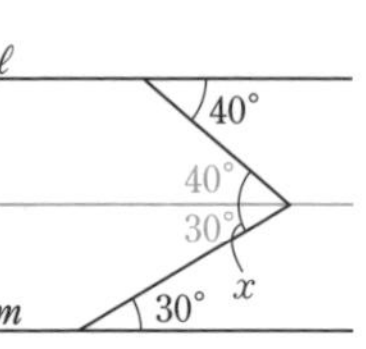

p.35 予想問題 ❷

1 (1) 180°　(2) 1080°　(3) 360°

2 (1) 1080°　(2) 十角形　(3) 正九角形

3 (1) 110°　(2) 95°　(3) 70°

解説

1 (3) $1080°-180°\times(6-2)=360°$

2 (2) 求める多角形を n 角形とすると，
$180°\times(n-2)=1440°$　$n=10$

(3) 1つの外角が 40° である正多角形は，
$360°\div 40°=9$ より，正九角形。

3 (2) 四角形の内角の和は 360° だから，
$\angle x=360°-(70°+86°+109°)=95°$

(3) 五角形の内角の和は 540° だから，
$540°-(110°+100°+130°+90°)=110°$
$\angle x=180°-110°=70°$

p.37 テスト対策問題

1 (1) 四角形 ABCD≡四角形 GHEF

(2) CD=4 cm　EH=5 cm

(3) $\angle$C=70°　$\angle$G=120°

(4) 対角線 AC に対応する対角線…対角線 GE
対角線 FH に対応する対角線…対角線 DB

2 CA=FD　3組の辺がそれぞれ等しい。
$\angle$B=$\angle$E　2組の辺とその間の角がそれぞれ等しい。

3 (1) 仮定…△ABC≡△DEF
結論…$\angle$C=$\angle$F

(2) 仮定…x が 4 の倍数
結論…x は偶数

(3) 仮定…2直線が平行

結論…錯角は等しい

解説

1 (2) 対応する線分の長さは等しいから，
CD＝EF＝4 cm，EH＝CB＝5 cm

(3) $\angle G=360°-(70°+90°+80°)=120°$

3 「ならば」の前が仮定，「ならば」のあとが結論である。

p.38 予想問題 ❶

1 △ABC≡△STU
1組の辺とその両端の角がそれぞれ等しい。
△GHI≡△ONM
2組の辺とその間の角がそれぞれ等しい。
△JKL≡△RPQ
3組の辺がそれぞれ等しい。

2 (1) △AMD≡△BMC
1組の辺とその両端の角がそれぞれ等しい。
(2) △ABD≡△CDB
2組の辺とその間の角がそれぞれ等しい。
(3) △AED≡△FEC
1組の辺とその両端の角がそれぞれ等しい。

3 (1) 仮定…△ABC≡△DEF
結論…AB＝DE
(2) 仮定…$x=4$，$y=2$
結論…$x-y=2$

解説

1 **2** 三角形の合同条件は，とても重要なので，正しく理解しておこう。

p.39 予想問題 ❷

1 (1) 仮定…AB＝CD，AB∥CD
結論…AD＝CB
(2) ① CD　② DB　③ ∠CDB
④ △CDB　⑤ CB
(3) (ア) 平行線の錯角は等しい。
(イ) 2組の辺とその間の角がそれぞれ等しい2つの三角形は合同である。
(ウ) 合同な三角形の対応する辺は等しい。

2 △ABE と △ACD で，
仮定から，AB＝AC　……①
AE＝AD　……②
共通な角だから，
∠BAE＝∠CAD　……③
①，②，③より，2組の辺とその間の角がそれぞれ等しいから，
△ABE≡△ACD
合同な三角形の対応する角は等しいから，
∠ABE＝∠ACD

解説

1 (参考) 証明の根拠としては，対頂角の性質や三角形の角の性質などを使うこともある。

p.40～p.41 章末予想問題

1 (1) $\angle a$，$\angle m$　(2) $\angle d$，$\angle p$
(3) 180°　(4) $\angle e$，$\angle m$，$\angle o$

2 (1) 39°　(2) 70°　(3) 105°
(4) 60°　(5) 60°　(6) 30°

3 (1) 24°　(2) 十二角形

4 (1) △ADE　(2) AE　(3) DE
(ア) 1組の辺とその両端の角がそれぞれ等しい
(イ) 合同な三角形の対応する辺は等しい

5 △ABC と △DCB で，
仮定から，AC＝DB　……①
∠ACB＝∠DBC　……②
共通な辺だから，
BC＝CB　……③
①，②，③より，2組の辺とその間の角がそれぞれ等しいから，
△ABC≡△DCB
合同な三角形の対応する辺は等しいから，
AB＝DC

解説

1 (4) $\angle c=\angle i$ より，③∥④ となる。

2 (5) 右の図のように，$\angle x$，45° の角の頂点を通り，ℓ，m に平行な2つの直線をひくと，

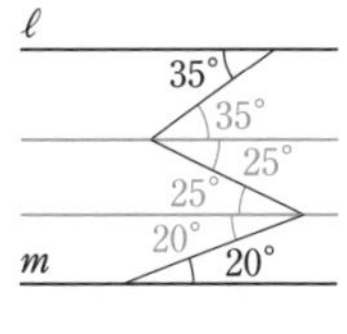

$\angle x=(45°-20°)+35°=60°$

(6) 右の図のように，三角形を2つつくると，
$\angle x+55°=110°-25°$
$\angle x+55°=85°$
$\angle x=30°$

3 (1) $360°\div15=24°$
(2) $180°\times(n-2)=1800°$ として解く。

5章　三角形と四角形

p.43 テスト対策問題

1 (1) **50°**　(2) **55°**　(3) **20°**

2 ㋐ **ACE**　㋑ **AC**　㋒ **CE**
㋓ **ACE**　㋔ **2組の辺とその間の角**
㋕ **ACE**

3 **△ABC≡△KJL**
斜辺と他の1辺がそれぞれ等しい。
△GHI≡△OMN
斜辺と1つの鋭角がそれぞれ等しい。

解説

1 (1) 二等辺三角形の底角は等しいので，
$\angle x=180°-65°\times2=50°$
(3) 二等辺三角形の頂角の二等分線は，底辺を垂直に2等分するので，∠ADB=90°
したがって，
$\angle x=180°-(90°+70°)=20°$

p.44 予想問題 ❶

1 (1) **70°**　(2) **90°**

2 (1) **二等辺三角形**　(2) **124°**

3 **AD∥BC より錯角が等しいから，**
∠FDB=∠CBD　……①
また，折り返した角であるから，
∠FBD=∠CBD　……②
①，②より，∠FDB=∠FBD
したがって，2つの角が等しいから，△FBD は二等辺三角形である。

解説

1 (1) 二等辺三角形 DBC の底角は等しいから，
∠D の外角について，
∠ADB=35°×2=70°
(2) 二等辺三角形 DAB の底角は等しいから，
∠DBA=(180°−70°)÷2
=55°
よって，∠ABC=∠DBA+∠DBC
=55°+35°
=90°

3 折り返した角は等しくなることを利用する。
∠FBD=∠CBD

p.45 予想問題 ❷

1 (1) **$a+b=7$ ならば $a=4$，$b=3$ である。**
正しくない。反例…$a=1$，$b=6$
(2) **2直線に1つの直線が交わるとき，同位角が等しければ，2直線は平行である。**
正しい。
(3) **ab が整数ならば a，b は整数である。**
正しくない。反例…$a=2$，$b=\frac{1}{2}$

2 (1) **△ABD と △ACE (△CBD と △BCE)**
(2) **△BCE と △CBD (△ACE と △ABD)**
斜辺と1つの鋭角がそれぞれ等しい。

3 **△POC と △POD で，**
仮定から，∠PCO=∠PDO=90°　……①
∠POC=∠POD　……②
共通な辺だから，
PO=PO　……③
①，②，③より，直角三角形の斜辺と1つの鋭角がそれぞれ等しいから，
△POC≡△POD
したがって，　PC=PD

解説

1 (1) $a=1$，$b=6$ のときも，$a+b=7$ になるから，逆は正しくない。

p.47 テスト対策問題

1 (1) **$x=40$，$y=140$**
平行四辺形の対角は等しい。
(2) **$x=8$　平行四辺形の対辺は等しい。**
$y=3$　平行四辺形の対角線はそれぞれの中点で交わる。

2 ㋐ **中点**　㋑ **OC**　㋒ **OD**
㋓ **OF**　㋔ **対角線**　㋕ **中点**

3 (1) **△DEC，△ABE**　(2) **80 cm²**

解説

2 平行四辺形になるための条件は，5つある。とても重要なので，しっかり確認しておこう。

3 (1) 底辺が共通な三角形だけでなく，底辺が等しい三角形も忘れないようにする。

p.48 予想問題 ❶

1 (1) **64°**　(2) **8 cm**

2 ㋐ **△CDF**　㋑ **DF**　㋒ **CD**　㋓ **∠D**

㋔　2組の辺とその間の角　㋕　△CDF

3 ㋐　いえる。　　　㋑　いえない。

解説

1 (1)　仮定より，AC∥DE，AB∥FE であるから，四角形 ADEF は平行四辺形になる。

$\angle DAF = \angle DEF = 52°$

二等辺三角形の底角は等しいので，

$\angle C = (180° - 52°) \div 2 = 64°$

(2)　$\angle DEB = \angle ACB = \angle ABC$ より，△DBE は二等辺三角形だから，

DB＝DE＝3 cm

また，四角形 ADEF は平行四辺形だから，

DA＝EF＝5 cm

したがって，

AB＝AD＋DB＝5＋3＝8 (cm)

3 **ポイント**　条件をもとに図をかいてみる。

㋐　∠A の外角は 112° で錯角が等しいから，

AD∥BC

したがって，1組の対辺が平行で長さが等しい。

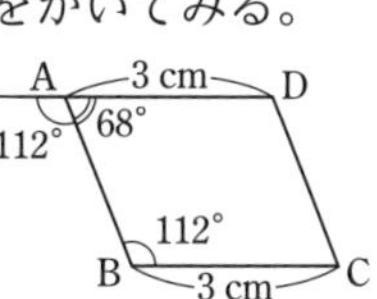

㋑　右の図のように，平行四辺形にならない。平行四辺形ならば，対角線はそれぞれの中点で交わる。

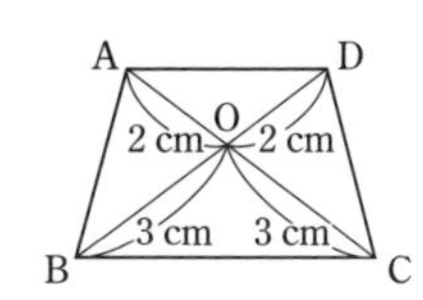

p.49　予想問題 ❷

1 ①　㊁，㊄　　②　㋑，㋒

③　㋑，㋒　　④　㊁，㊄

2 (1)　△ABO と △ADO で，

平行四辺形の対角線はそれぞれの中点で交わるから，BO＝DO　……①

共通な辺だから，

AO＝AO　……②

仮定から，

$\angle AOB = \angle AOD = 90°$　……③

①，②，③より，2組の辺とその間の角がそれぞれ等しいから，△ABO≡△ADO

(2)　(1)より，AB＝AD　……①

平行四辺形の対辺は等しいから，

AB＝CD，AD＝BC　……②

①，②より，AB＝BC＝CD＝DA

したがって，▱ABCD は4つの辺がすべて等しいから，ひし形である。

3

A　D

B　C　E

①　△ACD　②　△ACE　③　△ACE

解説

2 (2)　ひし形は，4つの辺がすべて等しい特別な平行四辺形である。平行四辺形の隣り合う辺が等しいことを示せばよい。

p.50～p.51　章末予想問題

1 (1)　$\angle x = 80°$　　$\angle y = 25°$

(2)　$\angle x = 40°$　　$\angle y = 100°$

(3)　$\angle x = 30°$　　$\angle y = 105°$

2 △EBC と △DCB で，

仮定から，BE＝CD　……①

△ABC の底角は等しいから，

∠EBC＝∠DCB　……②

共通な辺だから，BC＝CB　……③

①，②，③より，2組の辺とその間の角がそれぞれ等しいから，△EBC≡△DCB

したがって，∠FCB＝∠FBC

よって，2つの角が等しいから，△FBC は二等辺三角形である。

3 (1)　△ABD≡△EBD

直角三角形の斜辺と1つの鋭角がそれぞれ等しい。

(2)　線分 DA，線分 CE

4 四角形 ABCD は平行四辺形だから，

AD∥BC　……①

∠BAD＝∠BCD　……②

①より，　∠PAQ＝∠APB　……③

また，②と AP，CQ がそれぞれ ∠BAD，∠BCD の二等分線であることから，

∠PAQ＝∠PCQ　……④

③，④より，∠APB＝∠PCQ　……⑤

⑤より，同位角が等しいから，

AP∥QC　……⑥

①，⑥より，2組の対辺がそれぞれ平行だから，四角形 APCQ は平行四辺形である。

5 **ひし形**

6 **△AEC，△AFC，△DFC**

解説

3 (2)　△DEC も直角二等辺三角形になるので，DE＝CE となる。

5 △APS≡△BPQ≡△CRQ≡△DRS より，PS＝PQ＝RQ＝RS となる。

6章　確率

p.53　テスト対策問題

1 **いえる**

2 (1)　**6通り**　(2)　**いえる**　(3)　**3通り**

(4)　$\frac{1}{2}$　(5)　$\frac{1}{3}$　(6)　$\frac{2}{3}$

3 (1)　$\frac{1}{4}$　(2)　$\frac{1}{2}$

解説

1 赤いマークのカードと黒いマークのカードの枚数は等しいので，㋐と㋑のことがらの起こりやすさは同じといえる。

2 (1)　1から6までの6通りある。

(3)　2，4，6の3通り。

(5)　3，6の2通り。よって，$\frac{2}{6}=\frac{1}{3}$

(6)　出る目の数が6の約数である場合は，

1，2，3，6の4通り。よって，$\frac{4}{6}=\frac{2}{3}$

3 100円硬貨と10円硬貨の表と裏の出方を樹形図にすると，次のようになる。

100円　10円

表 ＜ 表（表，表）／裏（表，裏）

裏 ＜ 表（裏，表）／裏（裏，裏）

表，裏の出方は全部で4通りある。

(2)　表が出た硬貨の金額の合計が100円以上になる場合は，

(表，表)→110円，(表，裏)→100円の2通り。

よって，$\frac{2}{4}=\frac{1}{2}$

p.54　予想問題 ❶

1 ㋑，㋒

2 (1)　**20通り，いえる**

(2)　$\frac{1}{2}$　(3)　$\frac{1}{4}$　(4)　$\frac{3}{10}$

3 (1)　$\frac{1}{4}$　(2)　$\frac{1}{13}$　(3)　$\frac{3}{13}$　(4)　**0**

解説

1 何回投げても，1つの目の出る確率はすべて $\frac{1}{6}$ なので，㋐と㋓は正しくない。

2 (4)　20の約数となるのは，1，2，4，5，10，20のカードを引いたときである。

3 (4)　18のカードはない。したがって，

求める確率は，$\frac{0}{52}=0$

p.55　予想問題 ❷

1 (1)　$\frac{5}{12}$　(2)　$\frac{3}{4}$　(3)　**1**

2 (1)

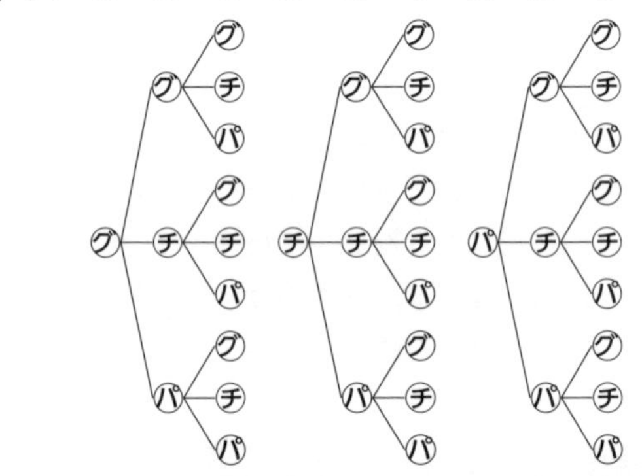

(2)　$\frac{1}{9}$　(3)　$\frac{1}{3}$

3 (1)　$\frac{1}{3}$　(2)　$\frac{5}{12}$

解説

3 (1)　樹形図をかくと，できる整数は全部で12通り。3の倍数になるのは，24，42，48，84の4通り。よって，$\frac{4}{12}=\frac{1}{3}$

(2)　64以上になるのは，64，68，82，84，86の5通り。よって，$\frac{5}{12}$

p.57　テスト対策問題

1 (1)　**6通り**

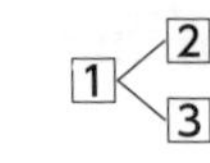
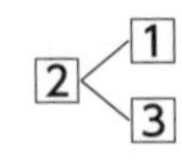

中間・期末の攻略本

テストに出る！

5分間攻略ブック

教育出版版

数学
2年

重要事項をサクッと確認

よく出る問題の
解き方をおさえる

赤シートを
活用しよう！

テスト前に最後のチェック！
休み時間にも使えるよ♪

「5分間攻略ブック」は取りはずして使用できます。

1章　式の計算

教科書 p.16~p.27

次の言葉を答えよう。

□ 項が1つだけの式。

単項式

□ 項が2つ以上ある式。

多項式

□ 単項式でかけ合わされている文字の個数。

次数

□ 文字の部分が同じである項。

同類項

次の問いに答えよう。

□ 多項式 $2x^2-4xy+5$ の項は？

$2x^2$，$-4xy$，5

□ 単項式 $5x^2y$ の次数は？

❂ $5x^2y=5\times x\times x\times y$

3

□ 多項式 $2x^2-4xy+5$ は何次式？

❂ 次数が2の式を2次式という。

2次式

多項式の次数は，
各項の次数のうちで
最も大きいものだよ。

次の計算をしよう。

□ $(5x-4y)+(2x-y)$

$=5x-4y$ $\boxed{+2x-y}$

$=$ $\boxed{7x-5y}$ ❂ 同類項をまとめる。

□ $(5x-4y)-(2x-y)$

$=5x-4y$ $\boxed{-2x+y}$

$=$ $\boxed{3x-3y}$

□ $8(4x-3y)$ ❂ $8\times4x+8\times(-3y)$

$=$ $\boxed{32x-24y}$

□ $(48x-36y)\div6$ ❂ $\frac{48x}{6}-\frac{36y}{6}$

$=$ $\boxed{8x-6y}$

□ $7x\times(-3y)$ ❂ $7\times(-3)\times x\times y$

$=$ $\boxed{-21xy}$

□ $16xy\div(-4x)$ ❂ $-\frac{16\times x\times y}{4\times x}$

$=$ $\boxed{-4y}$

□ $-4xy\div(-12x)\times9y$

$=\frac{4xy\times\boxed{9y}}{\boxed{12x}}$ ❂ $\frac{4\times x\times y\times9\times y}{12\times x}$

$=$ $\boxed{3y^2}$

◎ 攻略のポイント

多項式の計算

加法 ➡ すべての項を加える。

減法 ➡ ひく式の各項の符号を変えて，すべての項を加える。

乗法 ➡ 分配法則を使う。

除法 ➡ 式を分数の形で表すか，乗法に直して計算する。

1章　式の計算

教科書 p.28~p.34

$x=4$, $y=3$のとき，次の式の値を求めよう。

□ $3(2x-y)-2(4x-3y)$

$=6x-3y$ $\boxed{-8x+6y}$

$=-2x+3y$ ✽ $-2\times4+3\times3$

$=\boxed{1}$

□ $-72xy^2\div9xy=-\dfrac{72xy^2}{\boxed{9xy}}$

$=-8y$ ✽ -8×3

$=\boxed{-24}$

次の式や言葉を答えよう。

□ n を整数としたときの $2n$。

偶数（2 の倍数）

□ n を整数としたときの $2n+1$。

奇数

□ 十の位の数を x，一の位の数を y としたときの 2 桁の自然数。

$10x+y$

□ 最も小さい整数を n としたとき，連続する 3 つの整数。

n，$n+1$，$n+2$

次の等式を〔 〕の中の文字について解こう。

□ $x+4y=3$ 〔x〕

$x=\boxed{3-4y}$ ✽ $-4y+3$でもよい。

□ $x+4y=3$ 〔y〕

$4y=\boxed{3-x}$

$y=\boxed{\dfrac{3-x}{4}}$ ✽ $\dfrac{3}{4}-\dfrac{1}{4}x$ でもよい。

□ $3xy=9$ 〔x〕

$x=\dfrac{9}{\boxed{3y}}$

$x=\boxed{\dfrac{3}{y}}$

□ $\dfrac{1}{3}xy=9$ 〔x〕 ✽ $xy=27$

$x=\boxed{\dfrac{27}{y}}$

□ $2(a+b)=\ell$ 〔a〕

$2a+\boxed{2b}=\ell$

$2a=\ell-\boxed{2b}$

$a=\boxed{\dfrac{\ell-2b}{2}}$ ✽ $\dfrac{\ell}{2}-b$ でもよい。

等式の性質を使って計算するんだね。

◎ 攻略のポイント

等式の変形

x，y についての等式を変形し，y の値を求める式を導くことを，y について解くという。

例 $9x-y=15$ 〔y〕

$-y=-9x+15$ （$9x$ を移項する。）

$y=9x-15$ （両辺を -1 でわる。）

2章　連立方程式

教科書 p.46~p.53

次の言葉を答えよう。

□ 2つの文字をふくむ1次方程式。

2元1次方程式

□ 2つ以上の方程式を組にしたもの。

連立方程式

□ 文字 x, y をふくむ連立方程式から，y をふくまない方程式をつくること。

y を消去する

□ 連立方程式で，左辺どうし，右辺どうしを加えたりひいたりして，1つの文字を消去して解く方法。　加減法

□ 連立方程式で，代入によって1つの文字を消去して解く方法。　代入法

次の問いに答えよう。

□ 次の連立方程式のうち，$x=3$, $y=-1$ が解となるものは？

㋐ $\begin{cases} 2x+3y=3 \\ x-4y=-1 \end{cases}$　㋑ $\begin{cases} 5x+9y=6 \\ x-2y=5 \end{cases}$

✽どちらの方程式も成り立たせるのが解。

㋑

次の連立方程式を解こう。

□ $\begin{cases} 2x+3y=1 & \cdots① \\ -x-3y=1 & \cdots② \end{cases}$

$$\begin{array}{rr} & 2x+3y=1 \\ +) & -x-3y=1 \\ \hline & x \quad = \boxed{2} \end{array}$$

✽ y を消去。

これを①に代入すると，

$\boxed{4}+3y=1$

$3y=\boxed{-3}$

$y=\boxed{-1}$　　$x=2$，$y=-1$

□ $\begin{cases} 2x+3y=4 & \cdots① \\ x=4y-9 & \cdots② \end{cases}$

②を①に代入すると，

$2(\boxed{4y-9})+3y=4$　✽ x を消去。

$\boxed{8y-18}+3y=4$

$11y=\boxed{22}$

$y=\boxed{2}$

これを②に代入すると，

$x=\boxed{8}-9$

$x=\boxed{-1}$　　$x=-1$，$y=2$

◎ 攻略のポイント

連立方程式の解き方

連立方程式は，**加減法**，または**代入法**を使って，1つの文字を消去して解く。
加減法を使って解くときに，文字の係数の絶対値が等しくないときは，
それぞれの式を何倍かして，係数の絶対値が等しくなるようにする。

2章　連立方程式

教科書
p.54~p.61

次の連立方程式の解き方を答えよう。

□ かっこをふくむ連立方程式。

かっこをはずして整理する。

□ 分数をふくむ連立方程式。

両辺に分母の(最小)公倍数をかける。

□ 小数をふくむ連立方程式。

両辺に10や100などをかける。

□ $A=B=C$ の形の方程式。

$\begin{cases} A=B \\ B=C \end{cases}$ $\begin{cases} A=B \\ A=C \end{cases}$ $\begin{cases} A=C \\ B=C \end{cases}$ の形にする。

次の問いに答えよう。

□ $\begin{cases} \frac{1}{3}x-\frac{2}{7}y=-1 & \cdots① \\ 5x-4y=-13 & \cdots② \end{cases}$ で,

①の係数を整数にした式は？

✽両辺に分母の最小公倍数21をかける。

$7x-6y=-21$

□ $\begin{cases} x+2y=-7 & \cdots① \\ 0.1x+0.09y=0.18 & \cdots② \end{cases}$ で,

②の係数を整数にした式は？

✽両辺に100をかける。　$10x+9y=18$

次の連立方程式をつくろう。

□ 1個90円のパンと1個110円のドーナツを合わせて15個買うと,代金は1530円でした。パンを x 個,ドーナツを y 個買ったとした連立方程式。

$\begin{cases} x+y=15 \\ 90x+110y=1530 \end{cases}$

□ 14kmの山道を峠まで時速3km, 峠から時速4kmで歩き,全体で4時間かかりました。峠まで $x$km,峠から $y$km とした連立方程式。

$\begin{cases} x+y=14 \\ \frac{x}{3}+\frac{y}{4}=4 \end{cases}$

□ 卓球部員は, 去年は全体で45人でした。今年は男子が20%増え, 女子も10%増えたので, 全体で7人増えました。去年の男子部員を x 人, 女子部員を y 人とした連立方程式。

$\begin{cases} x+y=45 \\ \frac{20}{100}x+\frac{10}{100}y=7 \end{cases}$

◎ 攻略のポイント

連立方程式を利用して問題を解く手順

1. どの数量を文字で表すかを決める。
2. 等しい関係にある数量を見つけて,連立方程式をつくる。
3. 連立方程式を解く。
4. 解が, 問題に適しているかどうかを確かめる。

3章　1次関数

教科書
p.70~p.74

次の問いに答えよう。

□ y が x の関数で，y が x の1次式で表されるとき何という？

y は x の1次関数である

□ 一般に1次関数を表す式は？

$y=ax+b$

□ 比例は1次関数といえる？

❇ $y=ax+b$ の式で，$b=0$ の特別な場合。

いえる

□ 反比例は1次関数といえる？

❇ $y=\frac{a}{x}$ で，$y=ax+b$ の式で表されない。

いえない

□ x の増加量に対する y の増加量の割合を何という？　変化の割合

y が x の1次関数であるといえるか答えよう。

□ $y=3x-2$　いえる

□ $y=\frac{7}{x}$　❇反比例　いえない

□ $y=-x$　❇比例　いえる

□ $y=3x^2+2$　❇2次式　いえない

y が x の1次関数であるといえるか答えよう。

□ 30kmの道のりを x 時間で進んだときの時速 $y$km

❇ $y=\frac{30}{x}$　いえない

□ 1分間に0.5cmずつ短くなる長さが10cmの線香に火をつけてから，x 分後の線香の長さ $y$cm

❇ $y=-0.5x+10$　いえる

□ 縦が $x$cm，横が20cmの長方形の面積 $y\text{cm}^2$

❇ $y=20x$　いえる

次の問いに答えよう。

□ 1次関数 $y=4x-3$ で，x の値が2から9まで増加するときの変化の割合は？

❇1次関数 $y=ax+b$ の変化の割合は一定で，x の係数 a に等しい。

4

□ 1次関数 $y=4x-3$ で，x の増加量が5のときの y の増加量は？

❇1次関数 $y=ax+b$ で，（y の増加量）$=a\times$（x の増加量）　20

◎ 攻略のポイント

1次関数の変化の割合

1次関数 $y=ax+b$ では，変化の割合は一定で，x の係数 a に等しい。

（変化の割合）$=\frac{(y\text{の増加量})}{(x\text{の増加量})}=a$　　左の式より，（y の増加量）$=a\times$（x の増加量）

3章　1次関数

教科書 p.75~p.84

次の問いに答えよう。

□ 1次関数 $y=ax+b$ のグラフは, $y=ax$ のグラフを y 軸の正の方向にどれだけ平行移動させた直線？　b

□ 1次関数 $y=ax+b$ のグラフで, b は何を表す？　切片

□ 1次関数 $y=ax+b$ のグラフで, a は何を表す？　傾き

次の1次関数のグラフをかこう。

□ ① $y=3x-2$

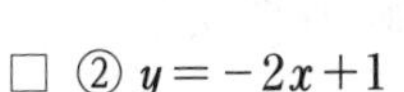
切片 −2, 傾き 3

□ ② $y=-2x+1$

切片 1, 傾き −2

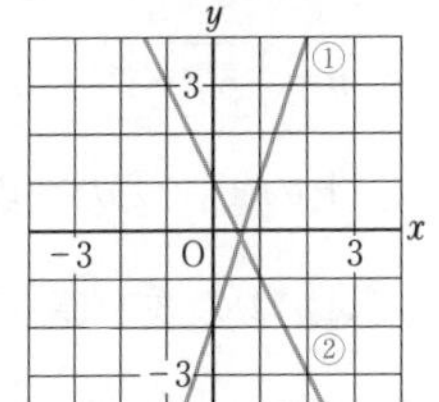

次の図の直線の式を求めよう。

□ ① $y=3x-1$

□ ② $y=-x-2$

□ ③ $y=\frac{1}{2}x+2$

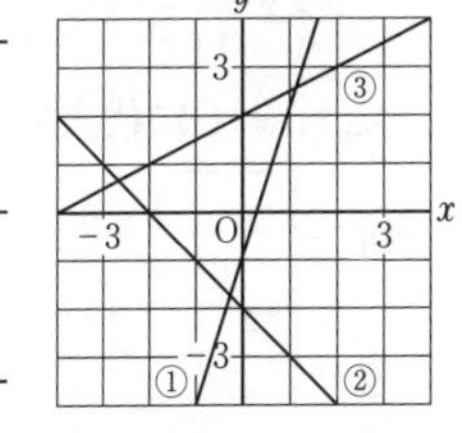

次の直線の式を求めよう。

□ 点 $(3, -3)$ を通り, 切片が 9 の直線の式は？

$y=ax+$ 9 という式になるから,

この式に $x=3$, $y=-3$ を代入して,

$a=$ −4

$y=-4x+9$

□ 点 $(1, 3)$ を通り, 傾きが 4 の直線の式は？

$y=$ 4 $x+b$ という式になるから,

この式に $x=1$, $y=3$ を代入して,

$b=$ −1

$y=4x-1$

□ 2点 $(3, 1)$, $(6, 7)$ を通る直線の式は？

傾きは, $\frac{7-1}{6-3}=$ 2 だから,

$y=$ 2 $x+b$ という式になる。

この式に $x=3$, $y=1$ を代入して,

$b=$ −5

$y=2x-5$

◎ 攻略のポイント

1次関数のグラフ

1次関数 $y=ax+b$ では, 次のことがいえる。

$a>0$ のとき ➡ グラフは右上がりの直線。

$a<0$ のとき ➡ グラフは右下がりの直線。

$a>0$　右上がり

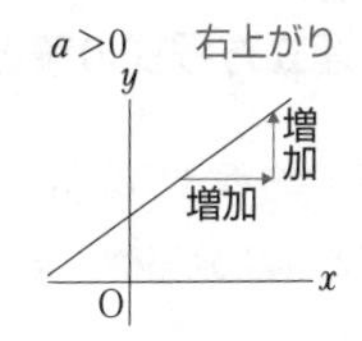

$a<0$　右下がり

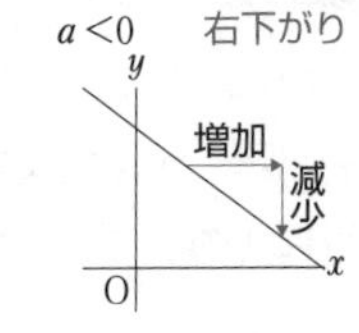

3章　1次関数

教科書 p.86~p.94

次の問いに答えよう。

□ 方程式 $ax+by=c$ のグラフはどんな線になる？

直線

□ 方程式 $ax+by=c$ のグラフで，$a=0$ の場合，x 軸，y 軸どちらに平行？

❀ $y=k$ のグラフ。

x 軸

□ 方程式 $ax+by=c$ のグラフで，$b=0$ の場合，x 軸，y 軸どちらに平行？

❀ $x=h$ のグラフ。

y 軸

次の方程式のグラフをかこう。

□ ① $3x+2y=-4$

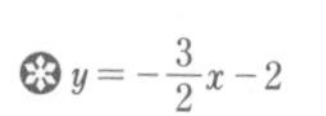

❀ $y=-\frac{3}{2}x-2$

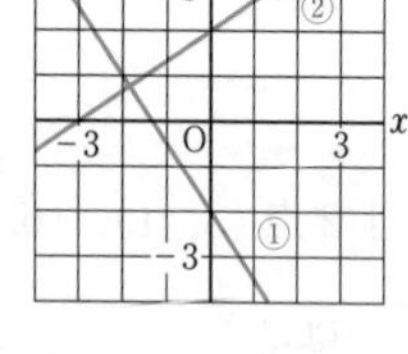

□ ② $2x-3y=-6$

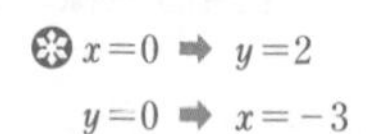

❀ $x=0$ ➡ $y=2$

$y=0$ ➡ $x=-3$

□ ③ $9y=-27$

❀ $y=-3$

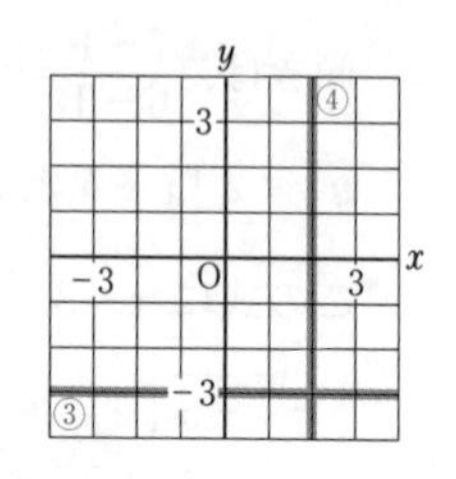

□ ④ $-7x=-14$

❀ $x=2$

次の連立方程式の解をグラフから求めよう。

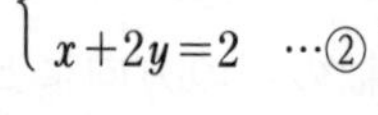

□ $\begin{cases} x-y=-4 & \cdots① \\ x+2y=2 & \cdots② \end{cases}$

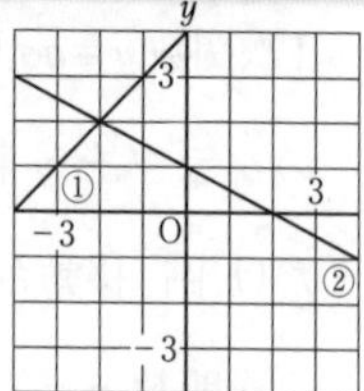

❀ グラフの交点の座標を求める。

$x=-2$，$y=2$

次の問いに答えよう。

□ 右の①の式は？

$y=$ $-x+2$

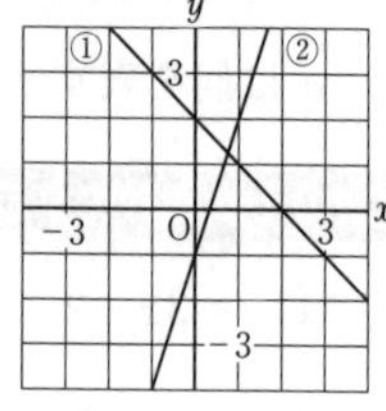

□ 右の②の式は？

$y=$ $3x-1$

□ 上の①，②の交点の座標は？

①,②の式を連立方程式として解く。

②を①に代入して，

$3x-1=$ $-x+2$ ❀ $4x=3$

$x=$ $\frac{3}{4}$

これを①に代入すると，

$y=$ $-\frac{3}{4}$ $+2$

$y=$ $\frac{5}{4}$

$\left(\frac{3}{4},\ \frac{5}{4}\right)$

◎ 攻略のポイント

連立方程式の解とグラフの交点

x，y についての連立方程式の解は，それぞれの方程式のグラフの交点の x 座標，y 座標の組である。

連立方程式の解

⬍

グラフの交点の座標

4章　平行と合同

教科書 p.104~p.112

次の言葉を答えよう。

□ 右の図の ∠a と ∠b のように向かい合っている2つの角。　対頂角

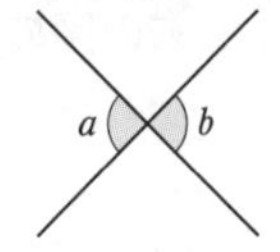

□ 右の図の ∠c と ∠d のような位置にある2つ

の角。　同位角

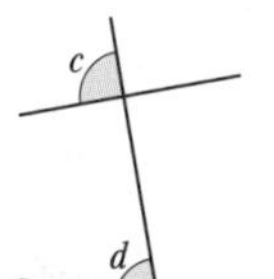

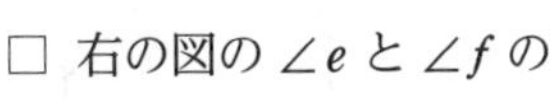

□ 右の図の ∠e と ∠f のような位置にある2つ

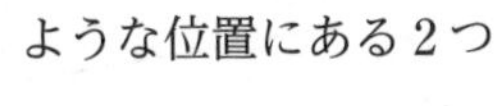

の角。　錯角

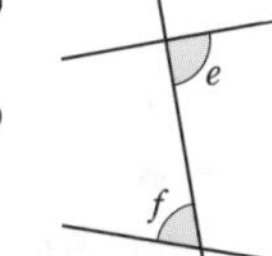

次の図で，角の大きさを求めよう。

□ 右の図の ∠a

✽対頂角は等しい。

71°

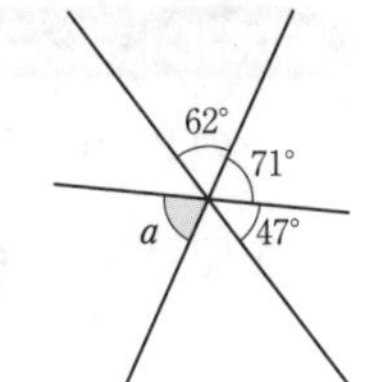

□ 右の図の ∠b

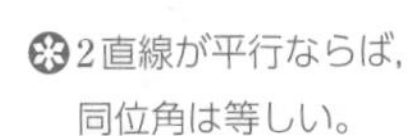

✽2直線が平行ならば，同位角は等しい。

113°

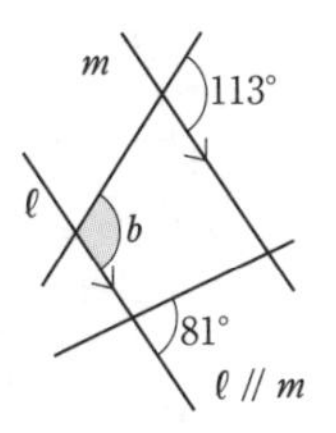

□ 右の図の ∠c

✽2直線が平行ならば，錯角は等しい。

81°

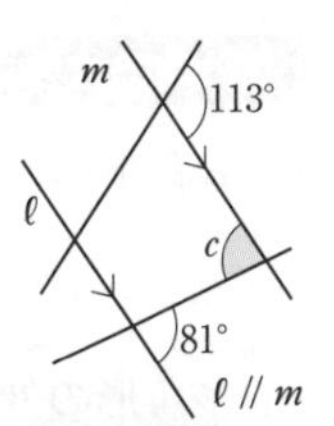

次の図で，角の大きさを求めよう。

□ 右の図の ∠x

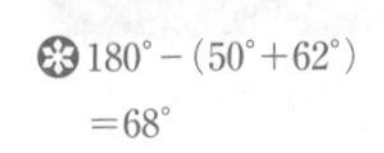

✽180°－(50°＋62°)
＝68°

68°

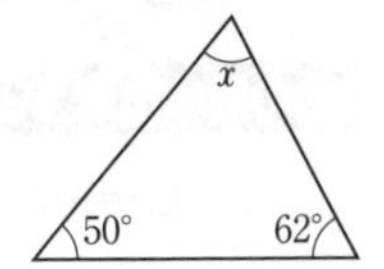

□ 右の図の ∠x

✽180°－(90°＋48°)
＝42°

42°

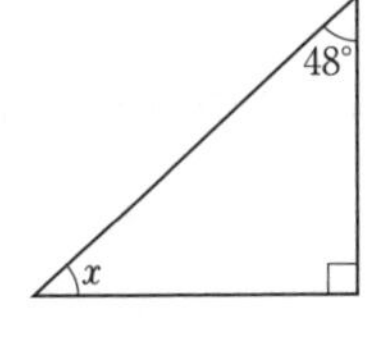

□ 右の図の ∠x

✽50°＋75°
＝125°

125°

□ 右の図の ∠x

✽86°－51°
＝35°

35°

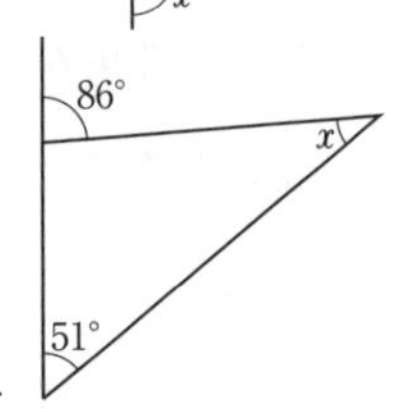

◎ 攻略のポイント

三角形の内角と外角

三角形の内角の和は180°である。
三角形の外角は，それと隣り合わない2つの内角の和に等しい。

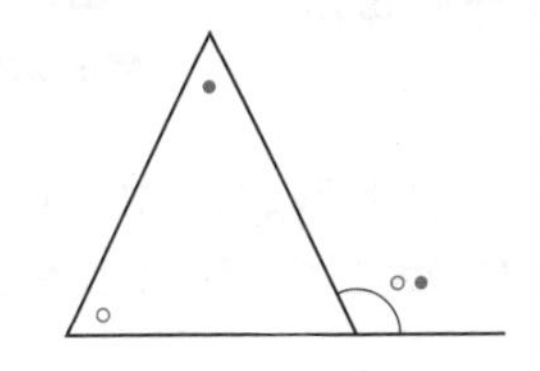

4章　平行と合同

教科書 p.113~p.122

次の角の大きさを答えよう。

□ n 角形の内角の和。

$180°\times(n-2)$

□ 多角形の外角の和。

360°

次の問いに答えよう。

□ 二十二角形の内角の和は？

❄ $180°\times(22-2)=180°\times20$
$=3600°$

3600°

□ 内角の和が 720° の多角形は？

❄ $180°\times(n-2)=720°$
$n-2=4$
$n=6$

六角形

□ 正九角形の１つの外角の大きさは？

❄ $360°\div9=40°$

40°

□ １つの外角が 60° である正多角形は正何角形？

❄ $360°\div60°=6$

正六角形

次の図で，角の大きさを求めよう。

□ 右の図の $\angle x$

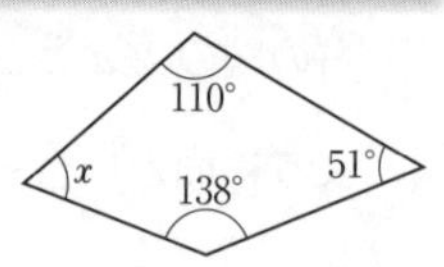

❄ 四角形の内角の和は 360° だから，
$360°-(110°+138°+51°)$
$=61°$

61°

□ 右の図の $\angle x$

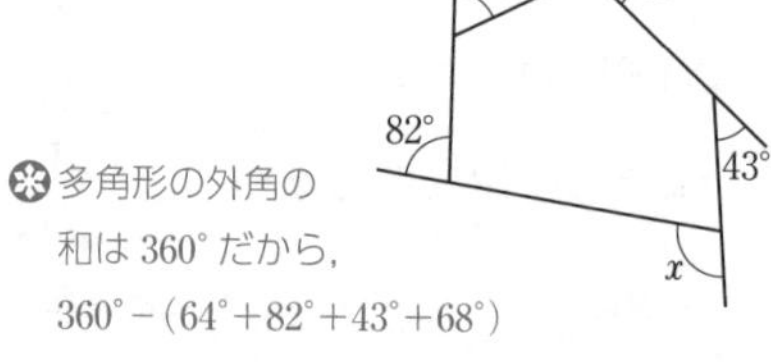

❄ 多角形の外角の和は 360° だから，
$360°-(64°+82°+43°+68°)$
$=103°$

103°

次の問いに答えよう。

□ 下の２つの三角形が合同であることを記号 ≡ を使って表すと？

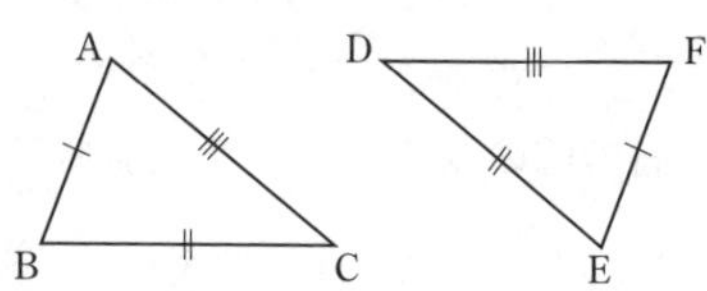

❄ ２つの図形の対応する頂点は同じ順に書く。

△ABC≡△FED

◎ 攻略のポイント

合同な図形の性質

合同な図形では，対応する線分の長さや角の大きさはそれぞれ等しい。

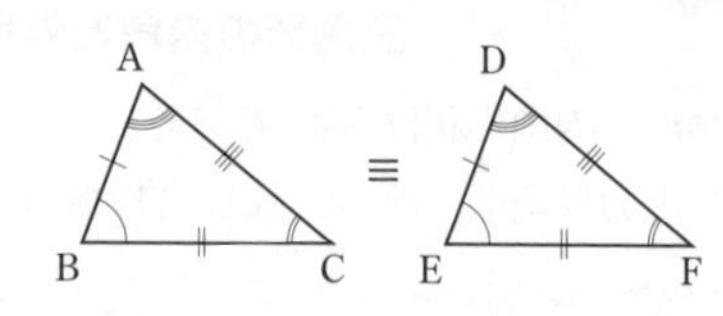

4章　平行と合同

次の問いに答えよう。

□ 三角形の合同条件は？

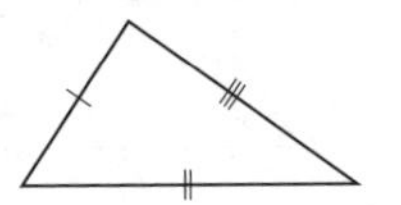
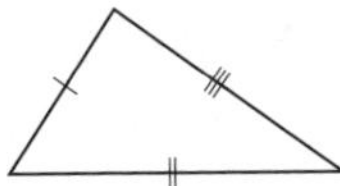

3組の辺がそれぞれ等しい。

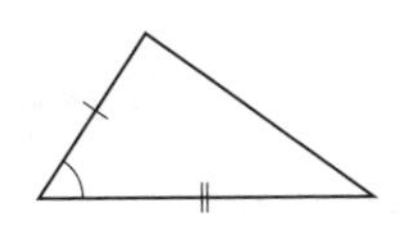
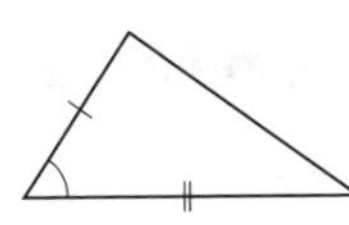

2組の辺とその間の角が
それぞれ等しい。

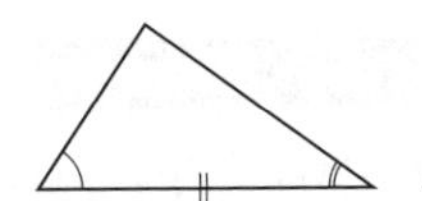
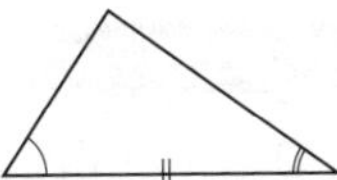

1組の辺とその両端の角が
それぞれ等しい。

□「▭ならば⬭」という形の文で，▭の部分は？

仮定

□「▭ならば⬭」という形の文で，⬭の部分は？

結論

次の図で，合同な三角形を答えよう。

□ ✻1組の辺とその両端の角がそれぞれ等しい。

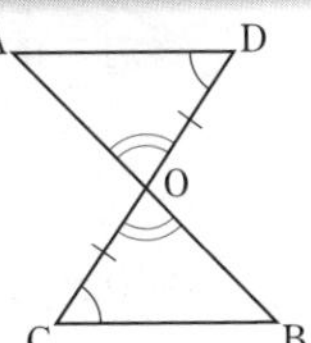

△AOD≡△BOC

□ ✻3組の辺がそれぞれ等しい。

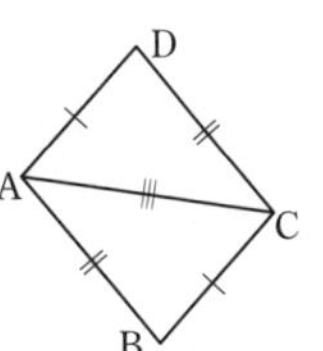

△ABC≡△CDA

□ ✻2組の辺とその間の角がそれぞれ等しい。

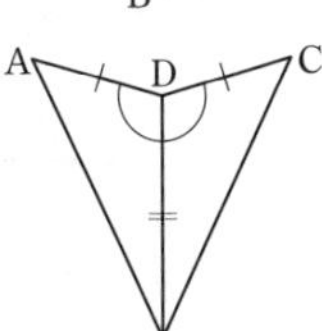

△ABD≡△CBD

次のことがらの仮定と結論を答えよう。

□ △ABC≡△DEF ならば ∠C＝∠F

✻「ならば」の前が仮定，あとが結論。

仮定　△ABC≡△DEF

結論　∠C＝∠F

□ x が12の倍数ならば x は6の倍数。

仮定　x が12の倍数

結論　x は6の倍数

◎ 攻略のポイント

合同な三角形の見つけ方

対頂角が等しいことに注目する。
共通な辺や角が等しいことに注目する。

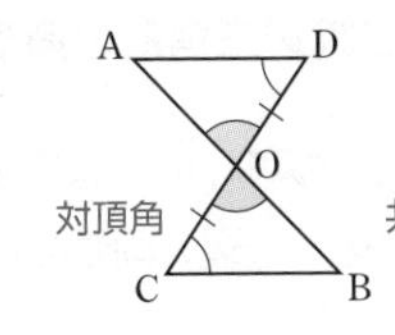

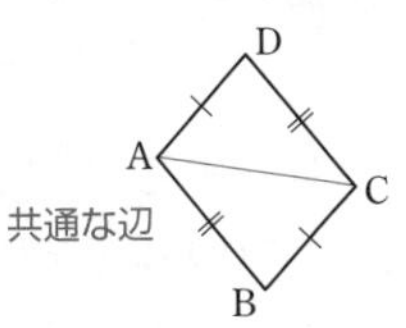

5章　三角形と四角形

教科書 p.144~p.153

次の定義や定理を答えよう。

□ 二等辺三角形の定義。

2つの辺が等しい三角形。

□ 二等辺三角形の性質。(2つ)

1 底角は等しい。

2 頂角の二等分線は，底辺を垂直に2等分する。

□ 二等辺三角形になるための条件。

2つの角が等しい三角形は，それらの角を底角とする二等辺三角形である。

□ 正三角形の定義。

3つの辺が等しい三角形。

次の言葉を答えよう。

□ あることがらの仮定と結論を入れかえたもの。　逆

□ あることがらが成り立たないことを示す例。　反例

次の二等辺三角形で，角の大きさを求めよう。

□ 右の図の $\angle x$

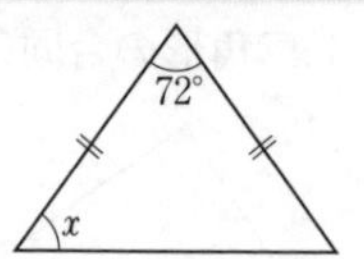

$(180^\circ-72^\circ)\div 2$
$=54^\circ$

54°

□ 右の図の $\angle x$

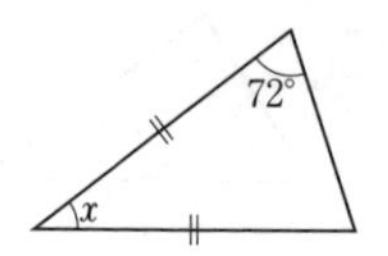

$180^\circ-72^\circ\times 2$
$=36^\circ$

36°

次のことがらの逆を答え，正しいか答えよう。

□ 2直線が平行ならば同位角は等しい。

同位角が等しいならば2直線は平行

正しい

□ $x \geqq 12$ ならば $x>6$

$x>6$ ならば $x \geqq 12$

反例は $x=7$　　正しくない

正しいことがらの逆がいつでも正しいとは限らないよ。

◎ 攻略のポイント

二等辺三角形の角や辺

二等辺三角形で，長さの等しい2辺の間の角を頂角，頂角に対する辺を底辺，底辺の両端の角を底角という。

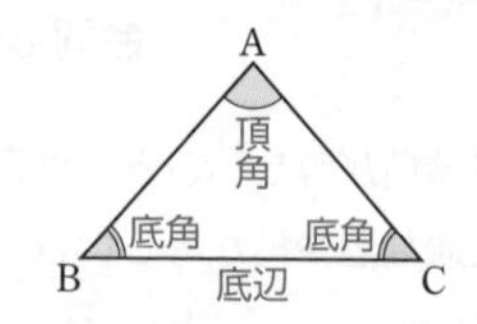

5章　三角形と四角形

教科書
p.154~p.161

次の問いに答えよう。

□ 直角三角形の合同条件は？

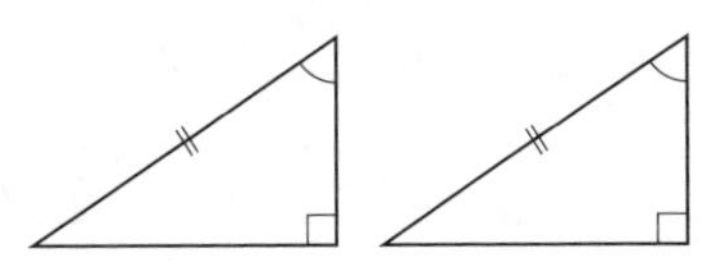

斜辺と1つの鋭角がそれぞれ等しい。

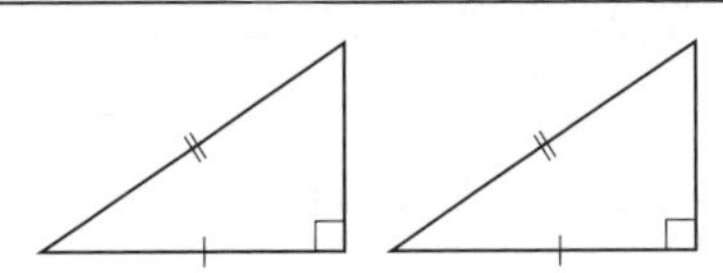

斜辺と他の1辺がそれぞれ等しい。

次の図で，合同な三角形を答えよう。

□ ✽直角三角形の斜辺と他の1辺がそれぞれ等しい。

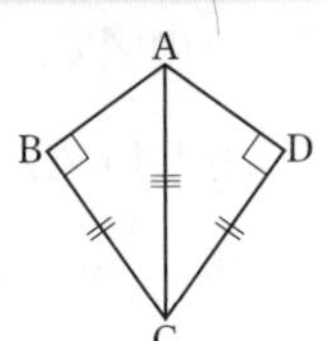

△ABC≡△ADC

□ ✽直角三角形の斜辺と1つの鋭角がそれぞれ等しい。

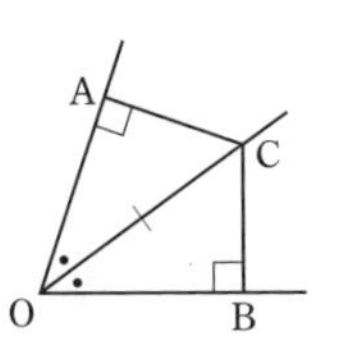

△AOC≡△BOC

次の定義や定理を答えよう。

□ 平行四辺形の定義。

2組の対辺がそれぞれ平行な四角形。

□ 平行四辺形の性質。（3つ）

1 2組の対辺はそれぞれ等しい。

2 2組の対角はそれぞれ等しい。

3 対角線はそれぞれの中点で交わる。

次の▱ABCDで，x, yの値を答えよう。

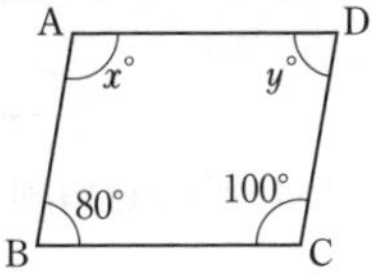

□ 右の図の x

100

□ 右の図の y

80

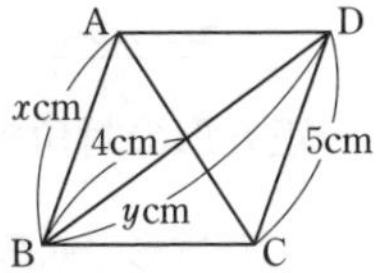

A　D　$x°$　$y°$　80°　100°　B　C

□ 右の図の x

5

□ 右の図の y

8

A　D　$x$cm　4cm　5cm　$y$cm　B　C

◎攻略のポイント

斜辺，対辺，対角

直角三角形の直角に対する辺が斜辺，
四角形の向かい合う辺が対辺，
四角形の向かい合う角が対角である。

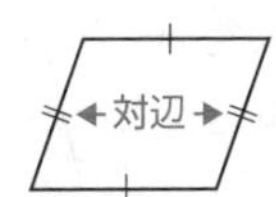

5章　三角形と四角形

教科書 p.162~p.173

次の定義や定理を答えよう。

□ 平行四辺形になるための条件。(5つ)

定義 2組の対辺がそれぞれ平行である。

1 2組の対辺がそれぞれ等しい。

2 2組の対角がそれぞれ等しい。

3 対角線がそれぞれの中点で交わる。

4 1組の対辺が平行で長さが等しい。

□ ひし形の定義。4つの辺が等しい四角形。

□ 長方形の定義。4つの角が等しい四角形。

□ 正方形の定義。

4つの辺が等しく，

4つの角が等しい四角形。

□ ひし形の対角線の性質。

ひし形の対角線は垂直に交わる。

□ 長方形の対角線の性質。

長方形の対角線の長さは等しい。

□ 正方形の対角線の性質。

正方形の対角線は，垂直に交わり，

長さが等しい。

四角形ABCDは平行四辺形になるか答えよう。

□ AD//BC，AB＝DC

❁台形になる場合がある。

ならない

□ AD＝BC，AB＝DC

❁2組の対辺がそれぞれ等しい。

なる

□ ∠A＝∠C，∠B＝∠D

❁2組の対角がそれぞれ等しい。

なる

次の問いに答えよう。

□ 下の図で，四角形ABCDと面積が等しい△ABEをつくるには？

❁1 対角線ACをひく。

2 頂点Dを通り，ACに平行な直線をひき，BCを延長した直線との交点をEとする。

3 点Aと点Eを結ぶ。

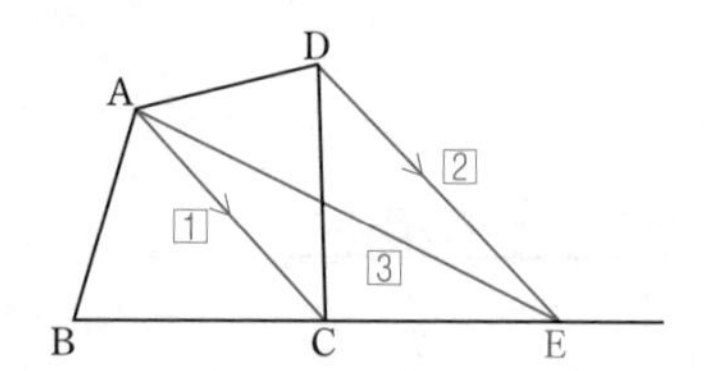

◎ 攻略のポイント

平行四辺形になるための条件

平行四辺形になるための条件を図で表すと，右のようになる。

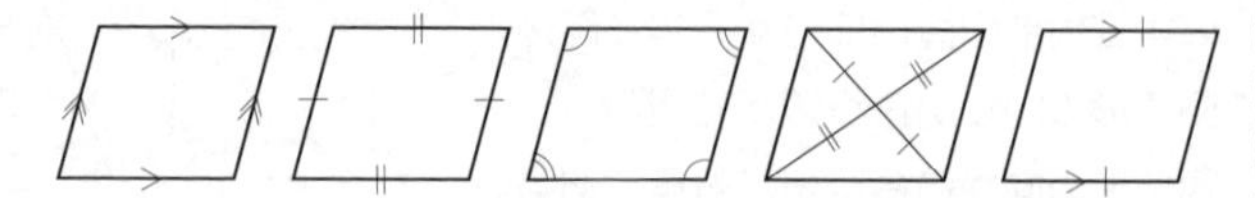

6章　確率

教科書
p.184~p.188

次の言葉や式を答えよう。

□ どの結果が起こることも同じ程度に期待できること。

同様に確からしい

□ 起こりうるすべての場合が n 通りあり，そのうち，ことがらＡの起こる場合が a 通りあるとき，Ａの起こる確率 p。

$p=\frac{a}{n}$

次の問に答えよう。

□ １個のさいころを投げるとき，4の目が出る確率は？

$\frac{1}{6}$

□ 確率 p のとりうる値の範囲は？

$0 \leqq p \leqq 1$

□ 決して起こらないことがらの確率は？

0

□ 必ず起こることがらの確率は？

1

次の確率を，樹形図を使って求めよう。

□ ２枚のコインを投げるとき，２枚とも裏になる確率は？

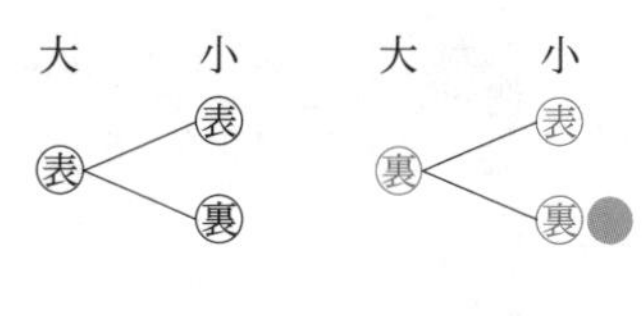

$\frac{1}{4}$

□ ２枚のコインを投げるとき，１枚は表で，もう１枚は裏になる確率は？

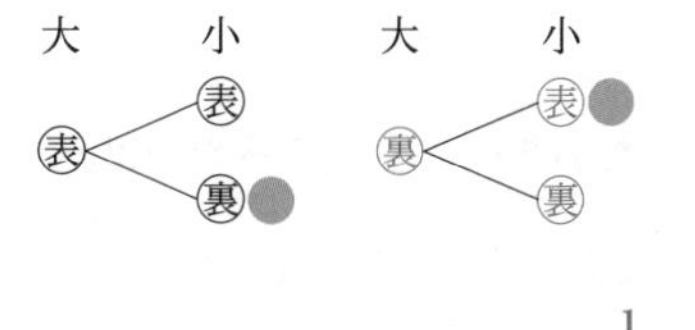

$\frac{1}{2}$

□ Ａ，Ｂの２人がじゃんけんを１回するとき，Ｂが勝つ確率は？

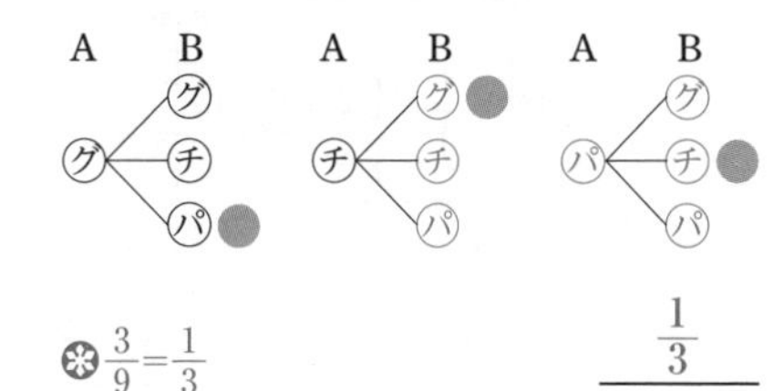

✽ $\frac{3}{9}=\frac{1}{3}$

$\frac{1}{3}$

◎ 攻略のポイント

確率の求め方

1. どれが起こることも同様に確からしい，起こり得る n 通りを実際に求める。
2. あることがらの起こる場合の数 a 通りを実際に求め，$\frac{a}{n}$を計算する。

6章　確率
7章　データの分析

教科書 p.189~p.215

表を完成させて，次の確率を求めよう。

□ 大小２個のさいころを投げるとき，出る目の数の和が９になる確率は？

小＼大	1	2	3	4	5	6
1	2	3	4	5	6	7
2	3	4	5	6	7	8
3	4	5	6	7	8	9
4	5	6	7	8	9	10
5	6	7	8	9	10	11
6	7	8	9	10	11	12

✿ $\frac{4}{36}=\frac{1}{9}$

$\frac{1}{9}$

□ 大小２個のさいころを投げるとき，出る目の数の和が9にならない確率は？

小＼大	1	2	3	4	5	6
1	2	3	4	5	6	7
2	3	4	5	6	7	8
3	4	5	6	7	8	9
4	5	6	7	8	9	10
5	6	7	8	9	10	11
6	7	8	9	10	11	12

✿ (起こらない確率) ＝1－(起こる確率)
$1-\frac{1}{9}=\frac{8}{9}$

$\frac{8}{9}$

四分位数と箱ひげ図を理解しよう。

□ 次の６個のデータの四分位数は？

6	7	9	13	15	18

✿ データを３個ずつに分けて考える。

6　7　9 ｜ 13　15　18

第１四分位数（7）　第３四分位数（15）

第２四分位数(中央値)
$(9+13)\div 2=11$

第１四分位数　7

第２四分位数　11

第３四分位数　15

□ 上のデータの四分位範囲は？

✿ (四分位範囲)
＝(第３四分位数)－(第１四分位数)
$=15-7=8$

8

□ 次の箱ひげ図の㋐～㋔で，下の四分位数を表しているのは？

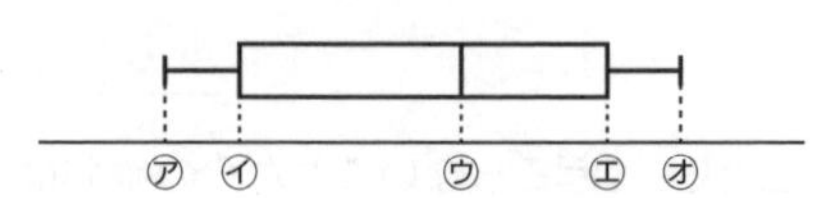

✿ ㋐は最小値，㋔は最大値

第１四分位数　㋑

第２四分位数　㋒

第３四分位数　㋓

◎ 攻略のポイント

小さい順に並べたデータの四分位数の考え方

データを中央値（第２四分位数）で分けた約半数のそれぞれのうち，
最小値をふくむほうのデータの中央値が第１四分位数，
最大値をふくむほうのデータの中央値が第３四分位数。

(2) $\frac{1}{3}$

2 (1) **右の表**

(2) $\frac{5}{36}$

(3) $\frac{1}{4}$

A＼B	1	2	3	4	5	6
1	2	3	4	5	6	7
2	3	4	5	6	7	8
3	4	5	6	7	8	9
4	5	6	7	8	9	10
5	6	7	8	9	10	11
6	7	8	9	10	11	12

3 (1) $\frac{1}{2}$　(2) $\frac{1}{2}$

(3) $\frac{2}{3}$　(4) $\frac{1}{3}$

解説

3 (2) $\left(\text{偶数の目が出ない確率}\right)=1-\left(\text{偶数の目が出る確率}\right)$

$=1-\frac{1}{2}=\frac{1}{2}$

p.58 予想問題 ❶

1 (1) $\frac{7}{20}$　(2) $\frac{2}{5}$　(3) $\frac{1}{2}$

2 $\frac{2}{3}$

3 (1) **36 通り**　(2) $\frac{1}{9}$

(3) $\frac{1}{12}$　(4) $\frac{1}{4}$

解説

2 樹形図を使って整理すると，右のようになる。起こりうるすべての場合は 12 通り。男子 1 人，女子 1 人が選ばれるのは，●をつけた 8 通り。

班長　副班長　班長　副班長

A ─ B, C●, D●　　B ─ A, C●, D●

C ─ A●, B●, D　　D ─ A●, B●, C

p.59 予想問題 ❷

1 (1) **15 通り**

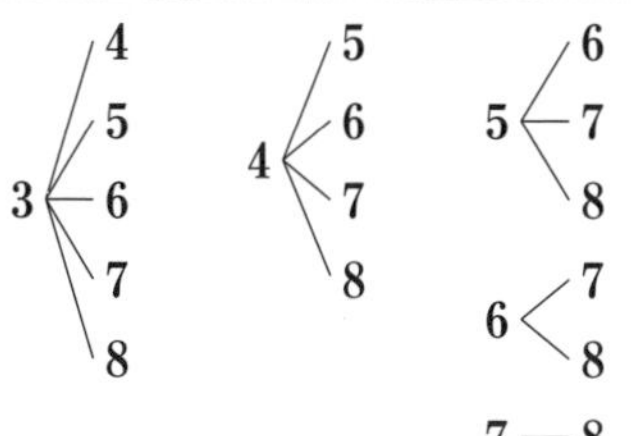

(2) $\frac{2}{15}$　(3) $\frac{3}{5}$

2 $\frac{2}{5}$

3 $\frac{3}{4}$

4 (1) **20 通り**

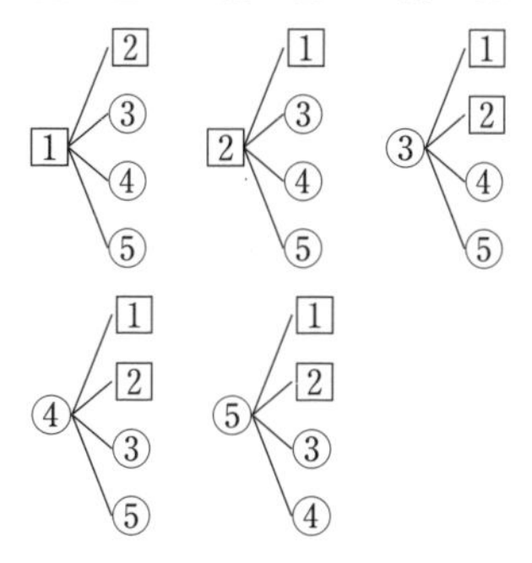

(2) ① $\frac{2}{5}$　② $\frac{2}{5}$　(3) **同じ**

解説

4 (3) (2)の結果から，くじを先に引くのとあとに引くのとで，当たる確率は変わらない。

p.60～p.61 章末予想問題

1 ㋑

2 ㋑

3 (1) **20 通り**　(2) $\frac{2}{5}$　(3) $\frac{1}{5}$

4 (1) **12 通り**　(2) $\frac{2}{3}$　(3) $\frac{1}{12}$

5 (1) $\frac{1}{18}$　(2) $\frac{1}{9}$　(3) $\frac{7}{18}$

解説

3 (2) 偶数は一の位が 4 または 6 のときだから，34，36，46，54，56，64，74，76 の 8 通り。

4 (2) ミス注意! 班長と副班長を選ぶので，(A，C) と (C，A) を区別することに注意する。男子 1 人，女子 1 人が選ばれるのは，(A，C)，(A，D)，(B，C)，(B，D)，(C，A)，(C，B)，(D，A)，(D，B) の 8 通り。

5 右のような表をつくる。

(1) ○をつけた 2 通り。

(3) △をつけた 14 通り。

a＼b	1	2	3	4	5	6
1	△					
2	△	△				
3	△		△			
4	△	△		△	○	
5	△			○	△	
6	△	△	△			△

7章　データの分断

p.63 テスト対策問題

1 (1) **第1四分位数…10分**
第2四分位数…14分
第3四分位数…18分

(2) **8分**

(3)

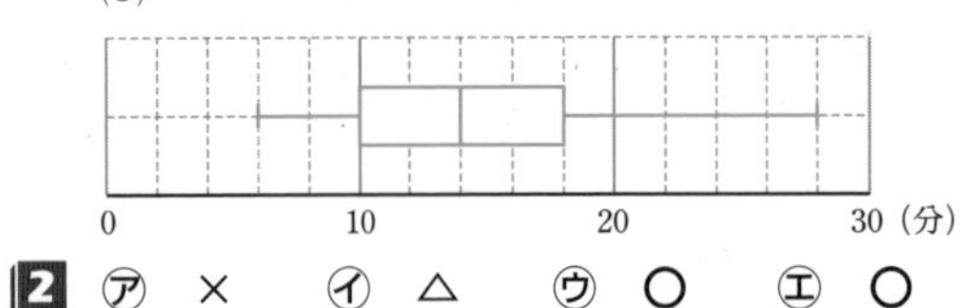

2 ㋐ ×　㋑ △　㋒ ○　㋓ ○

解説

1 (1) データの個数が14で偶数なので，第2四分位数(中央値)は，7番目と8番目の平均値となる。
(13+15)÷2=14(分)
第1四分位数は，前半の7個の中央値なので，4番目の値の10分である。
第3四分位数は，後半の7個の中央値なので，後ろから4番目(前から11番目)の値の18分である。

(2) (四分位範囲)
=(第3四分位数)−(第1四分位数) なので，
18−10=8(分)

(3) 第1四分位数から第3四分位数までが箱の部分となる。最小値から第1四分位数までと，第3四分位数から最大値までが，両端のひげの部分となる。

2 ・データの範囲は，1組が 50−5=45(点)，2組が 45−15=30(点) なので，等しくない。よって，㋐は正しくない。

ミス注意！ 範囲と四分位範囲のちがいに気をつける。

・平均点は，この箱ひげ図からはわからない。よって，㋑はこの図からはわからない。

ミス注意！ 平均値と中央値のちがいに気をつける。

・データの個数はどちらの組も27個なので，第1四分位数は7番目，第2四分位数は14番目の値である。1組は第1四分位数の値が15点，2組は最小値が15点なので，どちらの組にも，得点が15点の生徒がいる。よって，㋒は正しい。

・40点が，1組と2組の箱ひげ図のどこにかかっているかをそれぞれ調べる。1組の第3四分位数は35点なので，得点が高いほうから7番目の生徒は35点となる。40点は第3四分位数より大きいので，40点以上の生徒の人数は，多くても6人となる。2組の第3四分位数は40点なので，40点以上の生徒の人数は少なくとも7人以上いることがわかる。40点以上の生徒は，2組のほうが多いことがいえるので，㋓は正しい。

p.64 章末予想問題

1 (1) ㋑　(2) ㋐　(3) ㋒

2 ㋒

解説

1 (1) ヒストグラムの山の形は右寄りなので，箱が右に寄っている㋑があてはまる。

(2) ヒストグラムの山の形は，左右対称で，中央付近の山が高く(データの個数が多く)，両端にいくほど山が低い(データの個数が少ない)。そのため，箱が中央にあり，箱の大きさが小さい㋐があてはまる。

(3) ヒストグラムの山の形は，頂点がなく，データの個数がばらついているので，箱の大きさが大きい㋒があてはまる。

2 ・Aさん，Bさん，Cさんのデータの最大値は，いずれも45点である。これは，いずれの人も1試合での最高得点が45点であったことを表しているので，㋐は正しい。

・AさんとCさんの中央値は25点なので，半分以上の試合で25点以上あげていることがわかる。また，Bさんの中央値は30点なので，半分以上の試合で30点以上あげていることがわかる。よって，㋑も正しい。

・四分位範囲は，箱ひげ図の箱の部分の長さなので，最も小さいのはCさんである。よって，㋒は正しくない。

・Aさんの中央値は25点，Cさんの中央値も25点なので，㋓は正しい。

6 5 4 3 2
D C B A